Grundlagen der Verfahrenstechnik in der Pflanzenproduktion

Winfried Fechner · Norbert Uebe

Grundlagen der Verfahrenstechnik in der Pflanzenproduktion

Beschreibung, Analyse und Bewertung von landwirtschaftlichen Verfahren

Winfried Fechner
Landtechnik, Umwelt- und Kommunaltechnik
Martin-Luther-Universität Halle-Wittenberg
Südliches Anhalt, Deutschland

Norbert Uebe
Mechanisierung und Technologie
Martin-Luther-Universität Halle-Wittenberg
Halle (Saale), Deutschland

ISBN 978-3-662-70807-1   ISBN 978-3-662-70808-8 (eBook)
https://doi.org/10.1007/978-3-662-70808-8

Die Deutsche Nationalbibliothek verzeichnet diese Publikation in der Deutschen Nationalbibliografie; detaillierte bibliografische Daten sind im Internet über https://portal.dnb.de abrufbar.

© Der/die Herausgeber bzw. der/die Autor(en), exklusiv lizenziert an Springer-Verlag GmbH, DE, ein Teil von Springer Nature 2025

Das Werk einschließlich aller seiner Teile ist urheberrechtlich geschützt. Jede Verwertung, die nicht ausdrücklich vom Urheberrechtsgesetz zugelassen ist, bedarf der vorherigen Zustimmung des Verlags. Das gilt insbesondere für Vervielfältigungen, Bearbeitungen, Übersetzungen, Mikroverfilmungen und die Einspeicherung und Verarbeitung in elektronischen Systemen.
Die Wiedergabe von allgemein beschreibenden Bezeichnungen, Marken, Unternehmensnamen etc. in diesem Werk bedeutet nicht, dass diese frei durch jedermann benutzt werden dürfen. Die Berechtigung zur Benutzung unterliegt, auch ohne gesonderten Hinweis hierzu, den Regeln des Markenrechts. Die Rechte des jeweiligen Zeicheninhabers sind zu beachten.
Der Verlag, die Autoren und die Herausgeber gehen davon aus, dass die Angaben und Informationen in diesem Werk zum Zeitpunkt der Veröffentlichung vollständig und korrekt sind. Weder der Verlag noch die Autoren oder die Herausgeber übernehmen, ausdrücklich oder implizit, Gewähr für den Inhalt des Werkes, etwaige Fehler oder Äußerungen. Der Verlag bleibt im Hinblick auf geografische Zuordnungen und Gebietsbezeichnungen in veröffentlichten Karten und Institutionsadressen neutral.

Springer Vieweg ist ein Imprint der eingetragenen Gesellschaft Springer-Verlag GmbH, DE und ist ein Teil von Springer Nature.
Die Anschrift der Gesellschaft ist: Heidelberger Platz 3, 14197 Berlin, Germany

Wenn Sie dieses Produkt entsorgen, geben Sie das Papier bitte zum Recycling.

Vorwort

Dieses Lehrbuch richtet sich an Studenten der Landwirtschaft und der Landtechnik, an Entwicklungsingenieure der Landmaschinenindustrie, Lohnunternehmer, Praktiker im Landwirtschaftsbetrieb und Auszubildende. Es soll Grundlagenwissen zur Auswahl und Anwendung von Verfahren der Pflanzenproduktion vermitteln.

Die landwirtschaftliche Verfahrenstechnik analysiert, entwickelt und bewertet die zur Herstellung eines landwirtschaftlichen Produktes erforderlichen Verfahren. Ein Verfahren gibt vor, wie und mit welchen Mitteln eine Tätigkeit ausgeführt wird. Dieses Lehrbuch widmet sich somit der Methodik für die Verfahrensanalyse und Bewertung. Grundlage dafür sind die Definitionen der verwendeten Begriffe.

Zeitstudien sind grundlegender Bestandteil der Verfahrensanalyse. Im hier vorgestellten Zeitgliederungsschema sind die Definitionen der Teilzeiten so gewählt, dass eine automatische Zeiterfassung in der landwirtschaftlichen Praxis gefördert wird. Die daraus gebildeten Summenzeiten können z. B. in Form der „verfahrensspezifischen Arbeitszeit" den überbetrieblichen Verfahrensvergleich, als „Feldarbeitszeit" die tägliche Arbeitsplanung und als „Gesamtarbeitszeit" die betriebsinterne Verfahrensbewertung sowie Arbeitszeitabrechnung unterstützen. Die Auswertung von vorgenommenen Zeitstudien wird an Hand eines Beispiels beschrieben.

Für die Analyse der Verfahren werden spezifische Faktoren der Verfahrensgestaltung, wie Durchsatz, Masseleistung, Flächenleistung, eingesetzte Ressourcen, durchschnittliche Länge der Bearbeitungsspur, Bunkerkapazität, Trockensubstanzgehalte, Ernteverluste herangezogen. An praktischen Beispielen werden die Verfahrenskosten und Kapazitätsbedarfe ermittelt. Unterschiedliche Arbeitsweisen der Maschinen werden am Beispiel von Befahrmustern beim Feldeinsatz dargestellt.

Der Transport als eine wichtige Querschnittsaufgabe ist Bestandteil vieler Verfahren. Die beim Einsatz der Maschinen entstehenden transportverbundenen Arbeitsverfahren mit einfachen und verzweigten Transportketten werden hinsichtlich Leistungsfähigkeit und ablaufbedingter Wartezeit analysiert. Eine Integration von Zwischenpuffern in Transportketten reduziert Abhängigkeiten. Für die Leistungsabstimmung bei umfangreichen Ernte- und Transportketten, die aus ungleichartigen Arbeitseinheiten bestehen, wurde ein auf lineare Gleichungssysteme aufbauendes Berechnungsmodell entwickelt.

Bei der Bewertung von Verfahren sind die Verfahrenskosten ein wichtiges Kriterium. Kostenseitig lassen sich aber nicht alle erforderlichen Bewertungskriterien abbilden und können beim Verfahrensvergleich gegenüber den monetären Kriterien unterbewertet werden. Mit Hilfe einer Nutzwertanalyse werden sie möglichst objektiv in die Bewertung einbezogen.

Südliches Anhalt, Deutschland Winfried Fechner
Halle (Saale), Deutschland Norbert Uebe

Inhaltsverzeichnis

1 Prozesse und Verfahren 1
   1.1 Begriffsbestimmungen 1
   1.2 Begriffsabgrenzung 3
   1.3 Gliederung der landwirtschaftlichen Prozesse, Verfahren und
        Maschinensysteme 5
   1.4 Grundverfahren und Grundprozesse 6
   Literatur 7

2 Arbeitsweise 9
   2.1 Bearbeitung der Felder 9
   2.2 Durchschnittliche Länge der Bearbeitungsspuren 19
   2.3 Wende- und Rangiervorgänge 20
   Literatur 23

3 Zeitgliederungsschema 25
   3.1 Grundlagen 25
   3.2 Teilzeiten 28
       3.2.1 Aufgabenverrichtungszeit und Lastfahrtzeit 28
       3.2.2 Wiederkehrende Nebenzeiten 29
       3.2.3 Störungszeiten 32
       3.2.4 Vor- und Nachbereitungszeiten 33
   3.3 Verfahrensspezifische Arbeitszeit, Feldarbeitszeit, Gesamtarbeitszeit 34
   3.4 Prioritätsregel und Erweiterung des Zeitgliederungsschemas 35
   3.5 Darstellung der Teilzeiten 36
   3.6 Maschineneinsatzquotienten 38
   3.7 Auswertung einer Zeitstudie 40
   Literatur 44

4 Kapazitätsberechnung 47
   4.1 Kapazitätsbedarf 47
   4.2 Terminkosten 48
   Literatur 50

5	**Verfahrensanalyse**		51
	5.1	Arbeitszeitaufwand	51
	5.2	Verfahrenskosten	52
		5.2.1 Kalkulation der Verfahrenskosten	52
		5.2.2 Jährliche und spezifische Verfahrenskosten beim Mähdrusch	54
		5.2.3 Anwendungsbeispiel: Kornverluste und Verfahrenskosten beim Mähdrusch	56
	5.3	Einfluss des Trockensubstanzgehaltes auf die Transportmenge	58
	5.4	Wegstrecken bei Ausbringungs- und Ernteverfahren	60
	5.5	Einfluss von Feldlänge und Schlaggröße auf die Verfahrensleistung	61
	5.6	Erzeugte und eingesetzte Ressourcen	66
	5.7	Bestimmung der Kornverluste der Restkornabscheidung und der Reinigung beim Mähdrusch mittels Prüfschalen	68
		5.7.1 Verlustbestimmung beim Breithäckseln des Strohes	68
		5.7.2 Verlustbestimmung bei Schwadablage des Strohes	69
	Literatur		72
6	**Transport**		73
	6.1	Transportumfang in der Landwirtschaft	73
	6.2	Transportverbundene Arbeitsverfahren	75
	6.3	Beladezeit, Transportfahrzeuganzahl	76
		6.3.1 Beladezeit	76
		6.3.2 Anzahl notwendiger Transportfahrzeuge	77
	6.4	Ablaufbedingte Wartezeit	80
		6.4.1 Leistungsabhängige ablaufbedingte Wartezeit	81
		6.4.2 Leistungs*unabhängige* ablaufbedingte Wartezeit	87
	6.5	Wirkung von Puffern auf die Transportleistung von Ernte- und Transportketten	89
	6.6	Verzweigte Transportketten	93
	6.7	Berechnung der Transportleistung komplexer Transportketten mittels Kapazitätsmethode	95
		6.7.1 Berechnung der verfahrensspezifischen Kapazitäten für Einsatzvariante 1	96
		6.7.2 Gleichungssystem und Berechnung der verfahrensspezifischen Leistungen für Einsatzvariante 1	98
		6.7.3 Gleichungssystem und Berechnung der verfahrensspezifischen Leistungen für Einsatzvariante 3	102
	6.8	Maßnahmen zur Verbesserung von Transportprozessen	104
	Literatur		105

Inhaltsverzeichnis

7 Darstellung von Prozessen und Verfahren 107
    7.1 Maschinenfolgeschema 107
    7.2 Prozessfolgeschema 108
    7.3 Verfahrensdiagramm 110
    Literatur 112

8 Bewertung, Verfahrensvergleich, Nutzwertanalyse 113
    8.1 Auswahl der Bewertungskriterien 113
    8.2 Auswahl einer Bestvariante 114
    8.3 Einfluss der Punktemaßstäbe auf die Bewertung 121
    Literatur 123

9 Anhang 125
    9.1 Beispiele zur Anwendung der Zeitgliederung 125
        9.1.1 Feldspritze 125
        9.1.2 Mähdrescher 126
        9.1.3 Umschlagprozesse mit Unstetigförderer 126
        9.1.4 Transportarbeiten 127
    9.2 Herleitungen 128
        9.2.1 Herleitung der Lademassenzykluszeit 128
        9.2.2 Herleitung des Grenzwertes für ein Abrunden bei der Berechnung der Anzahl Transportfahrzeuge 129
        9.2.3 Herleitung der minimalen Transportarbeit 131
        9.2.4 Herleitung der Faktorgleichung für Kapazitätsmethode 132
    9.3 Bestimmung der Gewichtung mit Hilfe der Matrixmethode 133

Stichwortverzeichnis 135

Abkürzungsverzeichnis

o.J.	ohne Jahr
a	Jahre
A	Fläche
AA	Arbeitsaufwand
AB	Arbeitsbreite
AB_{Eff}	effektive Arbeitsbreite
AE	Arbeitseinheit
Akh	Arbeitskraftstunden
A_{sT}	spezifische Transportarbeit
A_T	Transportarbeit
b_S	Ablagebreite des Schwades
b_V	Breite des Vorgewendes
B_F	Gesamtbearbeitungsbreite des Feldes
d	Tag
dB	Dezibel
dt	Dezitonne
$D_{i,j}$	Daten des Verfahrens (der Maschine) i bei Kriterium j
e_V	Körnerverlustmasse
e_{VR}	Körnerverlustmasse der Reinigung
e_{VS}	Körnerverlustmasse der Schüttler
E	Ertrag, Ausbringmenge
EA	entgangene Strecke an Aufgabenverrichtung
EM1, EM2, ...	Erntemaschine 1, 2, ...
F	Faktor
Fl	Feldlänge
g	Gramm
GPS	satellitengestützte Positionsbestimmung
h	Stunden
ha	Hektar
hh:mm:ss	Zeitdauer, Uhrzeit

i, j	Zähler, Index
kg	Kilogramm
km	Kilometer
K_{AE}	Kapazität der Arbeitseinheit
K_B	Kapazitätsbedarf
K_{EM}	Kosten der Erntemaschine
K_{TE}	Kosten der Transporteinheit
K_V	verfahrensspezifische Kapazität
$K_{V\,EM}$	verfahrensspezifische Kapazität der Erntemaschine
$K_{V\,LKW}$	verfahrensspezifische Kapazität des LKW
$K_{V\,Silo}$	verfahrensspezifische Kapazität der Einlagerungstechnik am Silo
$K_{V\,TE}$	verfahrensspezifische Kapazität der Transporteinheit
$K_{V\,ULW}$	verfahrensspezifische Kapazität des Überladewagens
kWh	Kilowattstunde
l	Liter
L	Länge der Bearbeitungsspur
m	Masse
m_a	Frischmasse, Ausgangsmasse
m_{ges}	Erntemenge
min	Minuten
m_{lfm}	Erntemenge je laufendem Meter, Schwadmasse
m_L	Lademasse
m_{Pu}	Pufferkapazität
m_{Tr}	Masse des Trockengutes
m_{TS}	Trockensubstanzmasse
m_V	Körnerverlustmasse je Prüfschale
$m_{V\,R}$	Körnerverlustmasse je Prüfschale vom Anteil der Reinigung
$m_{V\,S}$	Körnerverlustmasse je Prüfschale vom Anteil der Abscheidung
m_W	Wassermasse
$\dot{m}$	Masseleistung
$\dot{m}_{Ausg}$	Ausgangsmassestrom
$\dot{m}_B$	Abtankleistung
$\dot{m}_{Ein}$	Masseleistung der Einlagerungstechnik
$\dot{m}_{Eing}$	Eingangsmassestrom
$\dot{m}_{EM}$	Masseleistung der Erntemaschinen
$\dot{m}_{MD}$	Masseleistung des Mähdreschers
$\dot{m}_{Silo}$	Masseleistung der Einlagerungstechnik am Silo
$\dot{m}_{T_A}$	Durchsatz
$\dot{m}_{T_{AB}}$	verfahrensspezifische Leistung
$\dot{m}_{T_{AC}}$	Masseleistung in der Feldarbeitszeit
$\dot{m}_{T_{AD}}$	Masseleistung in der Gesamtarbeitszeit
$\dot{m}_{TE}$	Masseleistung des Transportfahrzeuges

$\dot{m}_{ULW}$	Masseleistung des Überladewagens
MD1, MD2, MDA	Mähdrescher Typ 1, Typ 2, Typ A
MEQ	Maschineneinsatzkoeffizient
$MEQ_{A/AC}$	Anteil der Aufgabenverrichtungszeit an der Feldarbeitszeit
$MEQ_{A/AD}$	Anteil der Aufgabenverrichtungszeit an der Gesamtarbeitszeit
n	Anzahl
n_{AE}	Anzahl an Arbeitseinheiten
n_{AK}	Anzahl der Arbeitskräfte
n_B	Anzahl Bearbeitungsspuren
n_{EM}	Anzahl Erntemaschinen
n_{FH}	Anzahl Feldhäcksler
n_{MD}	Anzahl Mähdrescher
n_{TE}	Anzahl Transporteinheiten
P	Puffer
Pk	Bewertungspunkte
Pk_H	höchste Anzahl Bewertungspunkte
Pk_N	niedrigste Anzahl Bewertungspunkte
$Pk_{i,j}$	Punktwert für Variante i bei Kriterium j
$PM_{H,j}$	Punktemaßstab für höchste Anzahl an Bewertungspunkten bei Kriterium j
$PM_{N,j}$	Punktemaßstab für niedrigste Anzahl an Bewertungspunkten bei Kriterium j
r_W	Wenderadius
s	Sekunde
S	Wegstrecke, Ausbringweg
Stk.	Stück
S_L	Entfernung in Luftlinie
t	Tonne
t_b	bedarfsbestimmende Zeit
t_{LMZ}	Lademassenzykluszeit
t_{Pu}	Pufferzeit, Wirkdauer des Puffers
t_U	Umlaufzeit
t_{wfU}	wartezeitfreie Umlaufzeit
T	Teilzeit, Zeitsumme
T_A	Aufgabenverrichtungszeit, Lastfahrtzeit
T_{AB}	verfahrensspezifische Arbeitszeit
T_{AC}	Feldarbeitszeit
T_{AD}	Gesamtarbeitszeit
T_B	wiederkehrende Nebenzeit
T_{B1}	Beladezeit, Entladezeit
T_{B2}	Leerfahrtzeit

T_{B3}	Wende- und Rangierzeit
T_{B4}	Feldrüst- und Einstellzeit
T_{B5}	Kurzfahrtzeit
T_{B6}	ablaufbedingte Wartezeit
T_{B7}	Kontroll- und Wiegezeit
T_{B8}	verkehrsbedingte Wartezeit
T_{B9}	arbeitsbedingte Erholungszeit
T_C	Störungszeiten
T_{C1}	technische Störungszeit
T_{C2}	funktionelle Störungszeit
T_{C3}	organisatorische Störungszeit
T_{C4}	witterungsbedingte Störungszeit
T_{C5}	persönliche Verteilzeit
T_D	Vor- und Nachbereitungszeit
T_{D1}	Aufgabenvor- und Aufgabennachbereitungszeit
T_{D2}	Ver- und Entsorgungszeit
T_{D3}	Wegezeit
T_{D4}	Zeit für Pflege und Wartung
TE1, TE2, …	Transporteinheit 1, 2, …
TS%	Trockensubstanzgehalt
$\dot{V}$	Volumenstrom
W	Gewichtung
W_{Max}	maximale Gewichtung
W_{Min}	minimale Gewichtung
x_w	Wendezeitanteil
x_v	Verhältnis Wendezeit zu Aufgabenverrichtungszeit
x_A	Anteil der Vorgewendefläche
€	Euro
Δ_E	Körnerverluste
φ_a, φ_e	Anfangsfeuchte, Endfeuchte

Abbildungsverzeichnis

Abb. 1.1 Gliederung landwirtschaftlicher Prozesse (Müller 1989) 2
Abb. 1.2 Gliederung von Produktionsprozess, Produktionsverfahren und Maschinensystem am Beispiel der Getreideproduktion (Nach Müller 1989) 5
Abb. 1.3 Grundformen des Schneidens (Auswahl) 6
Abb. 2.1 Pflügen mit Drehpflug in Kehrtechnik. (Quelle „lemken.com") 10
Abb. 2.2 Feldbearbeitung in Kehrtechnik mit Zeilensprung. (Quelle: geo-konzept GmbH) 12
Abb. 2.3 Mähdreschereinsatz in Beettechnik, von innen beginnend 14
Abb. 2.4 Mähdreschereinsatz in Beettechnik, von außen beginnend............ 14
Abb. 2.5 Berechnete Bearbeitungsspuren auf einem Feld. (Quelle: geo-konzept GmbH) 15
Abb. 2.6 Beeteinteilung für einen Schlag. (Oksanen 2007).................... 16
Abb. 2.7 Futterernte in Rundumfahrttechnik 18
Abb. 2.8 Varianten der Bearbeitungspuren bei unterschiedlicher Vorgewendebreite und Arbeitsrichtung am dreieckigen Feld 18
Abb. 2.9 Gesamtbearbeitungsbreite B_F eines Schlages 19
Abb. 2.10 Gesamtbearbeitungsbreite B_F in Abhängigkeit von der Hauptbearbeitungsrichtung 20
Abb. 2.11 Feld mit geraden Bearbeitungsspuren bzw. Konturlinienspuren.......... 20
Abb. 2.12 Verlängerung des Wendeweges bei schrägem Auftreffen am Vorgewende 22
Abb. 2.13 Wendezeit in Abhängigkeit vom Winkel zwischen Vorgewende und Beet für verschiedene Maschinen............................. 22
Abb. 3.1 Zeitgliederungsschema mit Teilzeiten und Zeitsummen 27
Abb. 3.2 Aufgabenverrichtungszeit (Grubbern) und wiederkehrende Nebenzeiten (Einstellzeit, Wendezeit, Kurzfahrtzeit) sowie der Zuwachs an bearbeiteter Fläche.. 28
Abb. 3.3 Flächenproportionale Darstellung von Zeitanteilen 36
Abb. 3.4 Kacheldiagramm für die Zeitanteile bei der Bodenbearbeitung 37

Abb. 3.5 Kacheldiagramm für die Zeitanteile bei Transportarbeiten.............. 38
Abb. 3.6 Auswertung der GPS-Aufzeichnung auf Feld 3, Fahrtwege innerhalb der Störungszeiten schwarz hervorgehoben......................... 44
Abb. 5.1 Vergleich der Ausfallraten von Maschinen, Elektronik und Software...... 54
Abb. 5.2 Jährliche Verfahrenskosten und ihre Bestandteile beim Mähdrusch in Abhängigkeit von der Erntemenge 55
Abb. 5.3 Spezifische Verfahrenskosten und ihre Bestandteile beim Mähdrusch in Abhängigkeit von der Erntemenge 55
Abb. 5.4 Durchsatz-Verlust-Kennlinie eines Schüttlermähdreschers und damit verbundene Mindererlöse bezogen auf die Erntemenge 56
Abb. 5.5 Spezifische Verfahrenskosten inklusive der durch Kornverluste entstehenden Mindererlöse in Abhängigkeit von der Erntemenge für drei verschiedene Zeitspannen beim Drusch von Winterweizen sowie zugehörige Kornverlusthöhen 57
Abb. 5.6 Trockengutmasse in Abhängigkeit vom Trockensubstanzgehalt beim Trocknungsprozess (Trockensubstanzmasse konstant) 59
Abb. 5.7 Verhältnis von Wendezeit zu Aufgabenverrichtungszeit in Abhängigkeit von Länge der Bearbeitungsspur und entgangener Strecke an Aufgabenverrichtung während des Wendevorganges (EA).............. 63
Abb. 5.8 Anteil der Vorgewendefläche an der Feldfläche in Abhängigkeit von der Vorgewendebreite und der Feldlänge 64
Abb. 5.9 Wegstrecke je Bunkerfüllung in Abhängigkeit vom Bunkervolumen und Aufnahme- bzw. Verteilmenge je laufendem Meter 65
Abb. 5.10 Minimale spezifische Transportarbeit in Abhängigkeit von Feldlänge und Ertrag 66
Abb. 5.11 Verteilung der Körnerverlustmasse von Schüttler und Reinigung über der Arbeitsbreite (Schwadablage des Strohes und Einsatz eines Spreuverteilers für den Reinigungsabgang)......................... 69
Abb. 5.12 Ablageposition der Prüfschalen (Auffangschalen) zur Bestimmung der Körnerverluste für die Schütter und für die Reinigung 70
Abb. 6.1 Varianten des Transports bei der Getreideernte...................... 81
Abb. 6.2 Arbeitszeitbedarf in Abhängigkeit der genutzten Transporteinheiten beim Silomaistransport und 10 km Transportentfernung 82
Abb. 6.3 Ablaufbedingte Wartezeit einer Transporteinheit in Abhängigkeit von der Leistung der Mähdrescher 83
Abb. 6.4 Wartezeitfreie Umlaufzeit, leistungsabhängige ablaufbedingte Wartezeit und Lademassenzykluszeit einer Transporteinheit 85
Abb. 6.5 Leistungsabhängige ablaufbedingte Wartezeiten der Transportfahrzeuge bei ungleichartigen Transporteinheiten TE 86
Abb. 6.6 Ernte- und Transportkette mit Puffer bestehend aus Futterladewagen und Traktor zum Verteilen und Verdichten des Futterstocks 89

Abb. 6.7	Ablage von Erntegut im Silo	89
Abb. 6.8	Ernte- und Transportkette bei Anwelksilagebereitung bestehend aus Schwadmäher, Feldhäcksler, Transporteinheiten und Traktor zum Verteilen und Verdichten	90
Abb. 6.9	Zusammenlaufende Ernte- und Transportketten in der Getreideernte	93
Abb. 6.10	Sich teilende Ernte- und Transportkette in der Getreideernte	94
Abb. 6.11	Ausgewählte Einsatzvarianten der Zuordnung von Mähdreschern, Überladewagen (ULW) und Transportfahrzeugen	96
Abb. 7.1	Maschinenfolgeschema zur Strohballenernte (Herrmann 1999)	108
Abb. 7.2	Prozessfolgeschema Kartoffelaufbereitung (Erntegut eines 4-reihigen selbstfahrenden Rodeladers)	109
Abb. 7.3	Verfahrensdiagramm für die Druschfruchternte	111
Abb. 8.1	Beziehung zwischen den Bewertungspunkten und dem Kaufpreis abzüglich Restwert	116
Abb. 8.2	Nutzwerte in Abhängigkeit von Traktortyp und Bewertungskriterium	121
Abb. 8.3	Für vier Traktoren berechnete Bewertungspunkte für den „Schallpegel am Fahrerohr" in Abhängigkeit von der Strategie zur Wahl der Punktemaßstäbe	122
Abb. 9.1	Arbeitsaufgaben eines Transportfahrzeuges beim Getreidetransport	127
Abb. 9.2	Teilflächen und Abstände zur Berechnung der Transportarbeit	131

Tabellenverzeichnis

Tab. 1.1 Ausgewählte Eigenschaften von Prozessabläufen.................... 7
Tab. 1.2 Übersicht zu mechanischen Grundprozessen 7
Tab. 2.1 Varianten der Feldbearbeitung in Kehrtechnik 10
Tab. 2.2 Varianten der Feldbearbeitung in Beettechnik....................... 13
Tab. 2.3 Sonderformen der Feldbearbeitung 17
Tab. 2.4 Durchschnittliche Länge der Bearbeitungsspur und verfahrensspezifische Arbeitszeit am dreieckigen Feldstück bei verschiedenen Arbeitsweisen (AB = 12,5 m; v_F = 10 km/h)....................................... 18
Tab. 2.5 Wendevorgänge bei Beet- und Kehrtechnik mit geradem Vorgewende..... 21
Tab. 3.1 Wertebereiche der Maschineneinsatzkoeffizienten $MEQ_{A/AD}$ und $MEQ_{A/AC}$ für verschiedene Arbeitsaufgaben..................... 39
Tab. 3.2 Gemessene Arbeitszeiten eines Traktors mit Grubber auf 4 Feldern und deren Eingliederung in das neue Zeitgliederungsschema............ 41
Tab. 3.3 Aufgabenverrichtungszeit und Zeitsummen laut Zeitgliederungsschema und deren Anteile beim Grubbern an einem Arbeitstag................ 41
Tab. 3.4 Feldgrößen und Flächenleistungen beim Grubbern auf 4 Feldern (Zeitstudie aus Tab. 3.2)... 42
Tab. 3.5 Gemessene und in Abhängigkeit von der Entfernung in Luftlinie berechnete Wegezeit bei der Bearbeitung von vier Feldern.............. 42
Tab. 3.6 Aufgabenverrichtungszeit T_A, Störungszeit T_C, Vor- und Nachbereitungszeiten T_D und Zeitsummen sowie ausgewählte Maschineneinsatzkoeffizienten (MEQ) beim Grubbern (Zeitstudie aus Tab. 3.2).. 43
Tab. 4.1 Kalkulierte Einsparpotenziale bei Einsatz eines um 10 % leistungsstärkeren Mähdreschers und einer Erntemenge von 2800 t Winterweizen.. 49
Tab. 5.1 Verfahrenskosten 52
Tab. 5.2 Basisdaten zur Berechnung der festen Maschinenkosten 52

Tab. 5.3	Feste Maschinenkosten	52
Tab. 5.4	Variable Maschinenkosten	53
Tab. 5.5	Entgangene Strecke an Aufgabenverrichtung EA je Wendung für verschiedene Arbeitsverfahren	62
Tab. 5.6	Absolute und spezifische Angaben zum Arbeitsumfang	67
Tab. 5.7	Summen der Teilzeiten des Zeitgliederungsschemas, kumulierte Zeitsummen und verfahrenstechnische Leistungen	67
Tab. 5.8	Vergleich der verfahrenstechnischen Leistungen (Flächenleistung) in der Bodenbearbeitung (Arbeitsumfang 31,3 ha) bei Bezug auf verschiedene Zeitsummen	68
Tab. 5.9	Verfahrenstechnische Aufwandskennzahlen (Auswahl)	68
Tab. 6.1	Jährliche Erntemengen der Landwirtschaft in Deutschland für die Jahre 2015–2021 (Statistisches Jahrbuch über Ernährung, Landwirtschaft und Forsten der Bundesrepublik Deutschland 2021)	74
Tab. 6.2	Eigenschaften ausgewählter Transportgüter in der Landwirtschaft	74
Tab. 6.3	Transportverbundene Arbeitsverfahren mit Beispielen	75
Tab. 6.4	Anzahl Transporteinheiten, spezifische Verfahrenskosten und Leistungsparameter einer Ernte- und Transportkette	79
Tab. 6.5	Kostenanstieg und Leistungsanstieg bei Einsatz einer zusätzlichen Transporteinheiten	80
Tab. 6.6	Arbeitszeit und Verfahrenskosten ohne und mit zusätzlicher Transporteinheit	80
Tab. 6.7	Leistungsabhängige ablaufbedingte Wartezeiten der Transportfahrzeuge bei ungleichartigen Transporteinheiten TE	86
Tab. 6.8	Leistungsabhängige ablaufbedingte Wartezeit nach Verkleinerung des Erntekomplexes um die Transporteinheit TE4	87
Tab. 6.9	Leistungsabhängige ablaufbedingte Wartezeit nach Verkleinerung des Erntekomplexes um die Transporteinheit TE3	87
Tab. 6.10	Vergleich von leistungsabhängiger und leistungs*unabhängiger* ablaufbedingter Wartezeit bei Transportfahrzeugen	88
Tab. 6.11	Leistungsabhängige ablaufbedingte Wartezeit in Abhängigkeit von der Anzahl Transporteinheiten, der wartezeitfreien Umlaufzeit und der leistungs*unabhängigen* Wartezeit	88
Tab. 6.12	Berechnung der verfahrensspezifischen Leistung bei paarweiser Betrachtung der Gliederpaare einer Transportkette	91
Tab. 6.13	Verfahrensspezifische Kapazitäten und verfahrensspezifische Leistungen einer Ernte- und Transportkette in der Silomaisernte in Abhängigkeit vom Puffer	92
Tab. 6.14	Verfahrensspezifische Kapazitäten von Mähdreschern, Überladewagen und Transportfahrzeugen am Beispiel eines Erntekomplexes (Abb. 6.11, Einsatzvariante 1)	97

Tab. 6.15	Koeffizientenmatrix und Ergebnisvektor eines linearen Gleichungssystems zur Abbildung der Transportkette aus Abb. 6.11, Einsatzvariante 1, in der Getreideernte	101
Tab. 6.16	Verfahrensspezifische Kapazitäten, verfahrensspezifische Leistungen, zeitliche Ausnutzung und leistungsabhängige ablaufbedingte Wartezeiten der eingesetzten Erntemaschinen und Transportfahrzeuge aus Abb. 6.11, Einsatzvariante 1	101
Tab. 6.17	Verfahrensspezifische Kapazitäten von Mähdreschern, Überladewagen und Transportfahrzeugen am Beispiel eines Erntekomplexes (Abb. 6.11, Einsatzvariante 3)	103
Tab. 6.18	Koeffizientenmatrix und Ergebnisvektor eines linearen Gleichungssystems zur Abbildung der Transportkette aus Abb. 6.11, Einsatzvariante 3, in der Getreideernte	103
Tab. 6.19	Verfahrensspezifische Kapazitäten, verfahrensspezifische Leistungen, zeitliche Ausnutzung und leistungsabhängige ablaufbedingte Wartezeiten der eingesetzten Erntemaschinen und Transportfahrzeuge aus Abb. 6.11, Einsatzvariante 3	104
Tab. 7.1	Symbole für Prozessfolgeschemata	109
Tab. 7.2	Darstellung eines Verfahrensabschnitts	110
Tab. 7.3	Beispiel für die Kennzahlen eines Verfahrens der Druschfruchternte laut Verfahrensdiagramm in Abb. 7.3	112
Tab. 8.1	Kriteriengruppen für die Bewertung von Verfahren und Bewertungskriterien in der Technikbewertung	114
Tab. 8.2	Ausgangsdaten der zu vergleichenden Traktoren	115
Tab. 8.3	Subjektive Benotung der zu vergleichenden Traktoren	115
Tab. 8.4	Punktemaßstäbe für die Vergabe von Bewertungspunkten	117
Tab. 8.5	Bewertungspunkte für die Traktoren anhand Gl. 8.2	118
Tab. 8.6	Korrigierte Bewertungspunkte für die zu vergleichenden Traktoren nach Angleichung der Mittelwerte der Bewertungskriterien	119
Tab. 8.7	Bestimmung der Gewichtung mittels sukzessiver Vergleiche	119
Tab. 8.8	Ergebnis der Nutzwertberechnung, Platzierung und Vergleich zwischen Erst- und Zweitplatziertem	120
Tab. 8.9	Strategien zur Festlegung von Punktemaßstäben zur Berechnung von Bewertungspunkten für das Kriterium „Schallpegel am Fahrerohr"	122
Tab. 9.1	Bestimmung der Gewichtung mittels Matrixmethode bei Traktorerwerb	133
Tab. 9.2	Abhängigkeit der Gewichtung von der Anzahl der Bewertungskriterien bei der Matrixmethode	134

Prozesse und Verfahren

In der Literatur sind die Begriffe im Umfeld der Verfahrenstechnik, abhängig von den Disziplinen, unterschiedlich definiert. Die für das Verständnis notwendigen Begriffe aus der landwirtschaftlichen Verfahrenstechnik werden vorgestellt. Zu nennen sind u. a. Arbeitsprozesse, Naturprozesse, Grundprozess sowie Grundverfahren und Arbeitsweise.

1.1 Begriffsbestimmungen

Prozess
Der Begriff Prozess wird in sehr unterschiedlichen Bereichen, wie z. B. im Rechtswesen, in der Chemie, der Produktionskontrolle genutzt. In einem Prozess verändern Objekte, wie z. B. Boden, Saatgut, Düngemittel, Pflanzen und Erntegüter ihre Eigenschaften. Ein Prozess kann durch die Anwendung eines Verfahrens hervorgerufen und beeinflusst werden.

Definition Ein Prozess ist ein Vorgang, der eine Zustandsänderung hervorruft.

Der landwirtschaftliche Produktionsprozess beinhaltet alle Arbeits- und Naturprozesse, die der Erzeugung eines Produktes dienen (Abb. 1.1).

In der Natur unabhängig vom Menschen ablaufende Prozesse werden als Naturprozesse bezeichnet.

Naturprozesse sind biologische, chemische und physikalische Vorgänge der belebten und unbelebten Natur. Als Beispiele können Wachstum, Atmung, Trocknung, Frostgare, Fäulnis genannt werden. Durch den Menschen ausgelöst oder von ihm bewusst und zielgerichtet genutzt, können die Naturprozesse Bestandteil des Produktionsprozesses werden.

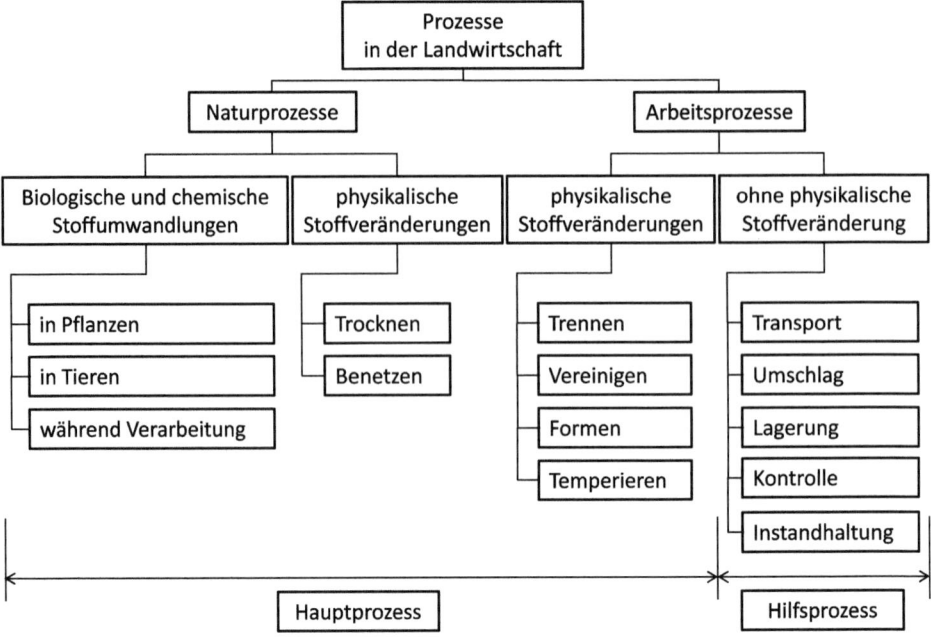

Abb. 1.1 Gliederung landwirtschaftlicher Prozesse (Müller 1989)

Diese Prozesse sind durch den Menschen nur indirekt zu beeinflussen, indem begünstigende oder behindernde Bedingungen geschaffen werden.

Dagegen beruhen im **Arbeitsprozess** die Zustandsänderungen direkt auf der menschlichen Tätigkeit. Es kommt aber nur zu physikalischen Stoffveränderungen, wie z. B. Trennen, Formen, Temperieren, Spritzen oder Vereinigen.

Weiterhin kann zwischen Haupt- und Hilfsprozessen unterschieden werden. **Hauptprozesse** beinhalten alle Naturprozesse und die Arbeitsprozesse, die die gewünschten Stoffveränderungen zur zielgerichteten Erzeugung von Gebrauchswerten bewirken.

In **Hilfsprozessen** werden dagegen keine neuen Gebrauchswerte geschaffen. Sie dienen der Erhaltung von Gebrauchswerten und ihrer Ortsveränderung. Dazu gehören Lagerung, Transport, Umschlag, Prozesskontrolle und Instandhaltung (Müller 1989).

Verfahren

Ein Verfahren umfasst die für eine Arbeitsaufgabe notwendigen Arbeitskräfte, Maschinen und Geräte sowie deren Einsatzabfolge und Besonderheiten. Es legt fest, welche Materialien in welchen Mengen verarbeitet, welche Informationen ausgetauscht und gespeichert werden. Das Zusammenwirken dieser einzelnen Komponenten ist im Verfahren vorgegeben.

Eine anschauliche Beschreibung eines Verfahrens stellt z. B. eine Anleitung zum Anbau von Kartoffeln dar. In ihr wird aufgeführt, mit welchen technischen Mitteln, welchen Materialien in welcher Reihenfolge zu verfahren ist.

Definition Ein Verfahren gibt vor, wie und mit welchen Mitteln eine Tätigkeit ausgeführt wird. Es beinhaltet die notwendigen Arbeitskräfte, Maschinen, Geräte, Stoff- und Informationsflüsse sowie deren Zusammenwirken zur zielgerichteten Zustandsänderung.

Ein Verfahren kann sich sowohl auf einen Arbeitsgang (s. Abschn. 1.2) oder eine Teilaufgabe beziehen (z. B. die Einbettung eines Saatkorns in einen bestimmten Bodentyp) als auch die gesamte Produktherstellung einschließen. Dieses sogenannte Produktionsverfahren, wie beispielsweise das für den Getreidebau, beinhaltet alle Arbeitsgänge, die zur Herstellung eines Produktes notwendig sind.

Die Verfahren müssen die spezifischen Bedingungen der Landwirtschaft berücksichtigen. Im Unterschied zur industriellen Produktion wird der Arbeitsgegenstand (das Feld) nicht bewegt, sondern die Maschinen und Geräte müssen vor Ort eingesetzt werden.

Die Deckung des Bedarfs an Nahrungsmitteln durch den Anbau von Nutzpflanzen ist flächengebunden. Aktuell umfasst die landwirtschaftliche Nutzfläche in Deutschland 16,6 Mio. ha („Statistisches Bundesamt Deutschland – GENESIS-Online" 2023). Die Auswahl der Anbauverfahren sollte so gewählt werden, dass möglichst keine Schadwirkung auf Natur und Umwelt ausgeübt wird.

Auch wenn an Alternativen, wie „Vertikale Landwirtschaft" oder „Algenbiotechnologie", gearbeitet wird, werden diese neuen Verfahren den Ackerbau in seiner bisherigen Form in absehbarer Zeit nicht ersetzen.

Landwirtschaftliche Verfahrenstechnik
Die Verfahrenstechnik ist eine Ingenieurwissenschaft, die sich mit der Technik von Stoffumwandlungsverfahren beschäftigt. Man kann u. a. die chemische, mechanische, thermische, elektrochemische Verfahrenstechnik sowie Bioverfahrenstechnik unterscheiden (Brockhaus – Die Enzyklopädie 1998).

Definition Die landwirtschaftliche Verfahrenstechnik analysiert, entwickelt, bewertet und beschreibt die zur Herstellung eines landwirtschaftlichen Produktes erforderlichen Verfahren.

1.2 Begriffsabgrenzung

Technologie bedeutet aus dem Griechischen übersetzt soviel wie „Lehre vom Handwerk". Der Begriff besitzt keine allgemein anerkannte Definition. Beispielhaft wird die Technologie als die Wissenschaft von der Umwandlung von Roh- und Werkstoffen in fertige Produkte und Gebrauchsartikel bezeichnet, in der naturwissenschaftliche und technische Erkenntnisse angewendet werden und welche die Gesamtheit der zur Gewinnung oder Bearbeitung von Stoffen nötigen Prozesse und Arbeitsgänge beinhaltet (Dudenredaktion o. J.). „Technologie ist insgesamt betrachtet naturwissenschaftlich-technisches Wissen, welches die Grundlage für Produkte und Produktionsverfahren darstellt" (Wikipedia 2021a).

Der Begriff **Technik** hat zwei Bedeutungen, einerseits die Gesamtheit der Maschinen und Geräte, die zur Erzeugung von Gütern benötigt werden und andererseits die individuelle Art und Weise der Ausführung einer Arbeitsaufgabe.

„Es gibt keinen Bereich des menschlichen individuellen und gesellschaftlichen Lebens, in dem Technik nicht eine bedeutende Rolle spielt: in der Arbeitswelt, im Haushalt, im kulturellen Leben, beim Lernen, bei Spiel und Sport, bei der Touristik, im Gesundheitswesen, in der wissenschaftlichen Forschung ebenso wie in der Landesverteidigung. Der Technikbegriff gehört deshalb zu den umgangssprachlich verbreitet gebrauchten Wortbezeichnungen. Man identifiziert ihn mit Werkzeugen, Maschinen, Geräten, Apparaten, Anlagen und allgemein mit technischen Mitteln und Einrichtungen der menschlichen Tätigkeit" (Wolffgramm 2006).

Die **Arbeitsweise** bezeichnet die Art und Weise der Ausführung einer Arbeit. Sie gründet auf der individuellen Ausnutzung des Spielraums einer vorgeschriebenen Arbeit und ist die individuelle Art der Ausführung eines Verfahrens.

Ein **Arbeitsgang** ist eine Operation, die

a) nur einem Zweck dient,
b) am gleichen Arbeitsort,
c) in zusammenhängender Zeit
d) nur mit den Arbeitspersonen, Zugkräften und Arbeitsmitteln abläuft, die dem Zweck entsprechen (Biesalski 1964).

Die **Logistik** beinhaltet die Prozesse und die Verfahren der raum-, zeit-, art- und mengenmäßigen Veränderung von Gütern. Der Schwerpunkt liegt auf dem Verständnis der Material- und Informationsflüsse (Wikipedia 2020).

Bei der täglichen **operativen Einsatzplanung** erfolgt nach Auswahl eines Verfahrens, die Entscheidung, wer, was, wie, wann, wo erledigt.

Unter dem Begriff „**Gute fachliche Praxis**" oder „**best management practices**" sind Empfehlungen und Vorgaben zu verstehen, die oft nur Teilaspekte von Verfahren berücksichtigen. Die gute fachliche Praxis kann als ein Handlungsrahmen angesehen werden (Wikipedia 2021b). Sie umfasst Empfehlungen zur Praxis in der Landwirtschaft bis hin zu rechtlich festgelegten und sanktionierbaren Standards (Nitsch und Osterburg 2004).

Unter **Transport** ist die Ortsveränderung von Gütern zu verstehen. Der Transport beinhaltet die Teilprozesse Laden, Lastfahrt, Entladen und Leerfahrt. Hinzu kommen Prozesse, wie die Ladungssicherung, sowie Störungen in Form von verkehrstechnischen Haltepunkten und weitere Wartezeiten. Es sind keine Stoffveränderungen erwünscht.

Der **Umschlag** besteht aus den gleichen Teilprozessen wie der Transport. Im Vergleich zum Transport sind Last- und Leerfahrt unbedeutend. Charakteristisch für den Umschlag ist der Wechsel des Gutes zwischen Arbeitskräften, Arbeitsmittel und Lagerorten.

Die Lagerung dient der Zeitüberbrückung und dem Mengenausgleich durch Aufbewahrung. Sie kann eine Sicherungsfunktion hinsichtlich Materialversorgung, eine

Spekulationsfunktion bei schwankenden Preisen, eine Veredlungsfunktion für Reife und Trocknungsprozesse und eine Assortierungsfunktion von sortimentsbezogenen Lagern ausüben.

1.3 Gliederung der landwirtschaftlichen Prozesse, Verfahren und Maschinensysteme

Produktionsverfahren können in kleinere Einheiten untergliedert werden (Abb. 1.2). Diese Gliederung kann sich an den in der Praxis üblichen Arbeitsschritten und den verwendeten Maschinen und Geräten orientieren. In gleicher Weise werden auch die Produktionsprozesse unterteilt. Das Maschinensystem als technischer Bestandteil des Produktionsverfahrens umfasst die erforderlichen eingesetzten Maschinen und Geräte („TGL 22290" 1984).

Ein Produktionsverfahren der Getreideproduktion lässt sich in die Teile der Bodenbearbeitung, der Aussaat, der Pflanzenpflege, der Kornernte, der Strohernte usw. weiter unterteilen. Eine gute Überschaubarkeit bietet die Abgrenzung auf Basis der Maschinen und Geräte, die zur Erfüllung einer abgeschlossenen Aufgabe auf den Feldern gebraucht werden.

Das Verfahren der Strohernte kann weiter in ein Sammelverfahren (Pressverfahren, Häckselverfahren) und in ein Transportverfahren unterteilt werden. Im aufgeführten Arbeitsgang wird das Pressverfahren dargestellt.

Prozesse		Verfahren		Maschinensysteme
Produktionsprozess *Getreideproduktion*	realisiert durch	Produktionsverfahren *Getreideproduktion*	darin eingesetzt	Maschinensystem *Getreideproduktion*
Prozessabschnitt *Aussaat* *Kornernte* *Strohbergung*	realisiert durch	Arbeitsverfahren *Breitsaat* *Mähdrusch* *Bergung von Ballenstroh*	darin eingesetzt	Maschinenlinie zur *Düngerstreuer/Umladewagen* *Mähdrescher/LKW/Frontlader* *Ballenpresse/Traktor/Anhänger*
Einzelprozess *Strohaufnahme* *Ballen herstellen*	realisiert durch	Arbeitsgang (Arbeitsart) *Strohaufnahme aus dem Schwad und Pressen*	darin eingesetzt	Maschine/Gerät/Aggregat *Quaderballenpresse*
Grundprozess *Dichte ändern*	realisiert durch	Technisches Grundverfahren *Volumenveränderung (Stroh)*		prinzipbestimmendes Maschinenelement *Presskanal mit Kolben*

Abb. 1.2 Gliederung von Produktionsprozess, Produktionsverfahren und Maschinensystem am Beispiel der Getreideproduktion (Nach Müller 1989)

Die kleinste Unterteilung stellen die technischen Grundverfahren bzw. die Grundprozesse dar.

1.4 Grundverfahren und Grundprozesse

Die technischen Grundverfahren beschreiben die Durchführung einfacher, unteilbarer Aufgaben. Auf der Prozessebene bestehen die Grundprozesse aus unteilbaren Vorgängen. Eine weitere Untergliederung der Grundverfahren und -prozesse ist entweder nicht möglich oder nicht sinnvoll.

Die Grundverfahren und Grundprozesse können unabhängig von einer konkreten Anwendung tiefgehender untersucht werden. Als Beispiel sei das Schneiden (Zerteilen) genannt. In zahlreichen Abhandlungen kann man sich über die Prozesse und Verfahren beim Schneiden, deren Vorzüge und Nachteile u. a. hinsichtlich Schnittqualität oder Energieverbrauch informieren. Durch die Auswahl und Kombination von verschiedenen Grundverfahren lassen sich neue Arbeitsverfahren zusammenstellen.

In Abb. 1.3 sind Grundformen des Schneidens beispielhaft aufgeführt (Stroppel 1953).

Die Prozesse unterscheiden sich aber auch hinsichtlich weiterer Eigenschaften. Sind die Zustandsänderungen unter den bestehenden Gegebenheiten vorhersehbar, spricht man von deterministischen Prozessen. Dem stehen die stochastischen Prozesse gegenüber, bei denen der weitere Verlauf nur abgeschätzt werden kann (Tab. 1.1).

Verlaufen in den eingesetzten Maschinen die Zustandsänderungen kontinuierlich und in gleicher Weise und Stärke ab, kann der Vorgang als konstanter Prozess betrachtet werden. Schwieriger sind dagegen dynamische Prozesse zu beherrschen, bei denen die Zustandsänderungen in Art und Ausmaß variieren.

In Tab. 1.2 wird eine Auswahl von Grundprozessen in Abhängigkeit von den beteiligten Stoffen dargestellt. Ein einzelnes Objekt kann bewegt, zerteilt, geformt, gelagert, temperiert oder in seiner Dichte verändert werden. Diese Prozesse können sich wiederum unterschiedlich vollziehen. Das Zerteilen ist u. a. durch Brechen, Zerreißen, Abdrehen oder Schneiden möglich.

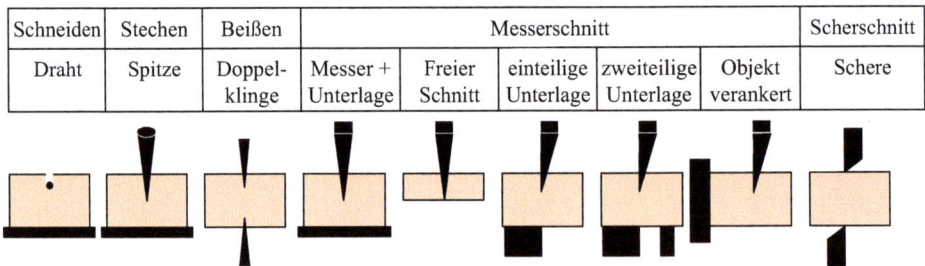

Schneiden	Stechen	Beißen	Messerschnitt					Scherschnitt
Draht	Spitze	Doppelklinge	Messer + Unterlage	Freier Schnitt	einteilige Unterlage	zweiteilige Unterlage	Objekt verankert	Schere

Abb. 1.3 Grundformen des Schneidens (Auswahl)

Tab. 1.1 Ausgewählte Eigenschaften von Prozessabläufen

Eigenschaften des Prozessablaufes	
deterministisch	stochastisch
kontinuierlich	diskontinuierlich
konstant	dynamisch
reversibel	irreversibel

Tab. 1.2 Übersicht zu mechanischen Grundprozessen

Anzahl der Objekte	mechanische Grundprozesse		
ein Objekt	• Bewegen • Zerteilen • Formen • Dichte ändern • Lagern • Temperieren	*Bewegen u. a. durch* - Transportieren, - Rieseln, - Fördern, - Umschlagen - Drehen	*Zerteilen u. a. durch* - Brechen - Zerreißen - Quetschen - Abdrehen - Schneiden - Mahlen
mehrere Teile	zusätzlich: • Klassieren • Dosieren • Agglomerieren	*Agglomerieren u. a. durch* - Pressen - Pelletieren - Brikettieren - Granulieren	
unterschiedliche Stoffe	zusätzlich: • Trennen • Mischen • Applizieren	*Trennen u. a. durch* - Sedimentieren - Filtrieren - Zentrifugieren - Sieben - Sichten - Entstauben - Sortieren - Trocknen - Reinigen	*Mischen u. a. durch* - Rühren - Kneten - Vermengen - Homogenisieren *Applizieren u. a. durch* - Begasen - Bestäuben - Befeuchten

Sind mehrere Teile vorhanden, werden zusätzlich die Prozesse zum Dosieren, Klassieren oder Agglomerieren ermöglicht.

Literatur

BIESALSKI, Ernst (1964): Terminologie der Landarbeitswissenschaft: deutsch, français, english / hrsg. von Ernst Biesalski. (5., erw. Aufl.). Berlin: Paul Parey.
BROCKHAUS – Die Enzyklopädie (1998) (22. Aufl., Bde. 1-24, Bd. 21). F.A. Brockhaus Leipzig-Mannheim, Leipzig-Mannheim
DUDENREDAKTION (o. J.): Technologie | Duden. Online verfügbar unter: https://www.duden.de/node/180415/revision/1016132 [02.09.2022]

MÜLLER, Manfred (Hrsg.) (1989): Technologische Grundlagen für die Landwirtschaft: Pflanzenproduktion, Tierproduktion, Gartenbau ; Einführung. (1. Auflage.). Deutscher Landwirtschaftsverlag, Berlin, 119 S.

NITSCH, Heike, OSTERBURG, Bernhard (2004): Umweltstandards in der Landwirtschaft und ihre Verknüpfung mit agrarpolitischen Förderinstrumenten. Landbauforschung Völkenrode, 54 (2): S. 113–125

Statistisches Bundesamt Deutschland – GENESIS-Online (2023, 11. August). Text. Online verfügbar unter: https://www-genesis.destatis.de/genesis/online?operation=previous&levelindex=2&step=2&titel=Ergebnis&levelid=1691740000910&acceptscookies=false#abreadcrumb [11.08.2023]

STROPPEL, Theodor (1953): Zur Systematik der Technologie des Schneidens. Grundlagen der Landtechnik-Konstrukteurhefte, (5): S. 120–134

TGL 22290 Terminologie der Technologie, Land- und Forstwirtschaft – Grundbegriffe (1984, 30. Juli)

WIKIPEDIA (2020, 9. November): Logistiksystem. In: Wikipedia. Online verfügbar unter: https://de.wikipedia.org/w/index.php?title=Logistiksystem&oldid=205361071 [13.10.2021]

WIKIPEDIA (2021a): Technologie. In: Wikipedia. Online verfügbar unter URL: https://de.wikipedia.org/w/index.php?title=Technologie&oldid=213654953 [07.09.2022]

WIKIPEDIA (2021b, 14. Juli): Gute fachliche Praxis. In: Wikipedia. Online verfügbar unter URL: https://de.wikipedia.org/w/index.php?title=Gute_fachliche_Praxis&oldid=213880588 [13.10.2021]

WOLFFGRAMM, Horst (2006): Allgemeine Techniklehre, Elemente, Strukturen und Gesetzmäßigkeiten. Verlag Franzbecker, Hildesheim, 951 S.

Arbeitsweise

2

Die Arbeitsweise bezeichnet die Art und Weise der Ausführung einer Arbeit.

Bei der Anwendung von Verfahren haben sich allgemeine Routinen bei der Nutzung von Maschinen und Geräten bewährt. Je nach Aufgabenstellung, Eigenschaft der Maschinen, örtlichen Gegebenheiten und Einsatzbedingungen ergeben sich unterschiedliche Fahrwege und Abfolgen bei der Bearbeitung des Feldes. Kehrtechnik, Beettechnik und Rundumfahrttechnik sowie typische Wendevorgänge werden beschrieben und deren Vorzüge aufgezeigt.

2.1 Bearbeitung der Felder

Die Bearbeitung der Felder erfolgt in Spuren. Eine Bearbeitungsspur entspricht einer Teilstrecke der Maschine auf dem Feld während der Aufgabenverrichtungszeit (s. Abschn. 3.2.1).

Die Bearbeitungsspuren verlaufen auf den Feldern überwiegend gerade und parallel. Es ist zwischen der Kehrtechnik, der Beettechnik und weiteren Sonderformen der Feldbearbeitung zu unterscheiden.

Kehrtechnik
Bei der Anwendung der Kehrtechnik werden die Bearbeitungsspuren der Reihe nach bearbeitet (Abb. 2.1). Die Anwendung der Kehrtechnik gewährleistet kurze Wendewege.

In Tab. 2.1 sind Varianten der Kehrtechnik dargestellt.

Abb. 2.1 Pflügen mit Drehpflug in Kehrtechnik. (Quelle „lemken.com")

Tab. 2.1 Varianten der Feldbearbeitung in Kehrtechnik

Bezeichnung	Grafik	Erläuterung
gemeine Kehrtechnik		*Vorteil*: einfache Handhabung, kurze Wendewege *Nachteil*: eingeschränkter Mehrmaschineneinsatz, teilweise zu kleine Wenderadien

(Fortsetzung)

2.1 Bearbeitung der Felder

Tab. 2.1 (Fortsetzung)

Bezeichnung	Grafik	Erläuterung
Kehrtechnik mit Zeilensprung		*Vorteil*: einfache Handhabung, größerer, angepasster Wenderadius *Nachteil*: automatisches Lenksystem notwendig
Kehrtechnik im Mehrmaschineneinsatz		*Vorteil*: größerer, angepasster Wenderadius, Mehrmaschineneinsatz gegeben *Nachteil*: automatisches Lenksystem notwendig

Ist der Wenderadius der Maschine größer als die halbe Arbeitsbreite, dann wird bei Anwendung der gemeinen Kehrtechnik durch die aufwendigere Wendung der Wendeweg länger. Hier kann durch die Anwendung der Kehrtechnik mit Zeilensprung die Wendezeit verkürzt werden. Dazu wird nur auf jeder zweiten Bearbeitungsspur gearbeitet. Anschließend erfolgt die Arbeit auf den verbliebenen Bearbeitungsspuren (Abb. 2.2). Die Kehrtechnik mit Zeilensprung ist nur mit Hilfe eines GPS-gestützten Lenksystems möglich. Dann können auch mehr als eine Arbeitseinheit eingesetzt werden, da diese sich nur gelegentlich auf dem Feld begegnen müssen.

Mehrere Maschinen können auf einem Feld in Kehrtechnik gemeinsam arbeiten, wenn für jede Einheit eigene Spuren in ausreichendem Abstand zu den anderen Einheiten angelegt werden (Kehrtechnik in Mehrmaschineneinsatz). Mit geringen Behinderungen können auch zwei Maschinen in Kehrtechnik arbeiten, wenn diese direkt hintereinanderfahren und die Wendezeit größer als der zeitliche Abstand zwischen den Maschinen ist.

Abb. 2.2 Feldbearbeitung in Kehrtechnik mit Zeilensprung. (Quelle: geo-konzept GmbH)

Beettechnik

In Tab. 2.2 sind verschiedene Arbeitsweisen der Beettechnik aufgeführt.

Die Felder werden dazu in Beete eingeteilt. Nach dem jeweiligen Beetanschnitt wird dieses meist von innen nach außen bearbeitet bzw. abgeerntet (Abb. 2.3). Eine gegenläufige Begegnung von Arbeitseinheiten in benachbarten Spuren, die sich bei gemeiner Kehrtechnik ergeben würde, wird vermieden. Bei Erntemaschinen mit nur einseitiger Erntegutübergabe kann ungehindert auf nebenherfahrende Transportfahrzeuge abgebunkert werden. Die abgeerntete Fläche im Innern des Beetes begünstigt kürzere Fahrwege für die Transportfahrzeuge.

Alternativ kann das Beet auch von außen nach innen abgearbeitet werden (Abb. 2.4). Für Transportfahrzeuge können gegebenenfalls weitere Wege anfallen.

Auch eine Kombination aus anfänglicher Bearbeitung der Beete von innen und abschließender Bearbeitung von außen wird angewendet, bei der sich relativ günstige Entfernungen beim Wenden ergeben.

Die Wendewege bei der Beettechnik verlängern sich mit größerer Arbeitsbreite und zunehmender Anzahl an Bearbeitungsspuren im Beet deutlich. Den längeren Wendezeiten sollte durch eine an die lokalen Bedingungen angepasste Optimierung der Beetbreite, die u. a. den zusätzlichen Aufwand für einen Beetanschnitt, die Wege der Transportfahrzeuge und die Dauer der Wendungen berücksichtigt, entgegengewirkt werden.

2.1 Bearbeitung der Felder

Tab. 2.2 Varianten der Feldbearbeitung in Beettechnik

Bezeichnung	Grafik	Erläuterung
Beettechnik von innen beginnend		*Vorteil*: keine Behinderung bei Mehrmaschineneinsatz, relativ kurze Fahrwege bei Anfahrt der Erntemaschinen auf dem Feld durch die Transportfahrzeuge *Nachteil*: variable Wendeweglänge, Beetanschnitt notwendig, ohne automatische Lenksysteme entstehen Restbeete und Keile
Beettechnik von außen beginnend		*Vorteil*: keine Behinderung bei Mehrmaschineneinsatz *Nachteil*: für Transportfahrzeuge können weite Wege anfallen, Beetanschnitt notwendig, ohne automatische Lenksysteme entstehen Restbeete und Keile
Beettechnik von innen beginnend, von außen abschließend		*Vorteil*: relativ kurze Wege beim Wenden *Nachteil*: Beetanschnitt notwendig, ohne automatische Lenksysteme entstehen Restbeete und Keile
fortschreitende Beettechnik		*Vorteil*: überwiegend gleichlange Wege beim Wenden *Nachteil*: Beetanschnitt notwendig, ohne automatische Lenksysteme entstehen Restbeete und Keile, ungeeignet bei Anfahrt der Erntemaschinen auf dem Feld durch die Transportfahrzeuge

Abb. 2.3 Mähdreschereinsatz in Beettechnik, von innen beginnend

Abb. 2.4 Mähdreschereinsatz in Beettechnik, von außen beginnend

2.1 Bearbeitung der Felder

Eine Sonderform stellt die fortschreitende Beettechnik mit überwiegend gleichlangen Wendewegen dar. Ist der Wenderadius der Maschine größer als die halbe Arbeitsbreite, erlaubt der im Vergleich zur gemeinen Kehrtechnik größere Abstand zur folgenden Bearbeitungsspur einen einfacheren Wendevorgang. Bei Anfahrt der Erntemaschinen auf dem Feld durch die Transportfahrzeuge können jedoch weitere Wege entstehen.

Neben den beschriebenen, allgemein anwendbaren, systematischen Arbeitsweisen gibt es zunehmend durch Software erstellte Bearbeitungspläne, die speziell für jedes einzelne Feld die günstigsten Bearbeitungswege darstellen. Sie legen die Einteilung der Schläge in Beete, die Hauptbearbeitungsrichtung, die günstigste Vorgewendebreite und die Reihenfolge der Bearbeitungsspuren fest. In Abb. 2.5 ist das Ergebniss einer Planung abgebildet.

Mit steigendem Umfang der Eingangsdaten wächst die Qualität der Planungsergebnisse. Einfluss nehmen beispielsweise die geometrischen Daten des Feldes, seine Maße und Höhenlinien, die herrschenden Arbeitsbedingungen, wie Pflanzenzustand, Bodenbedingungen, Druckempfindlichkeit, Ertrag und Witterung sowie die technischen Eigenschaften der eingesetzten Maschinen. Dazu zählen u. a. Geschwindigkeitsprofile, Wendigkeit, Bunkervolumina und Durchsatz. Die Planungsergebnisse entstehen entweder auf der Maschineneinheit selbst oder werden dorthin übertragen.

Abb. 2.5 Berechnete Bearbeitungsspuren auf einem Feld. (Quelle: geo-konzept GmbH)

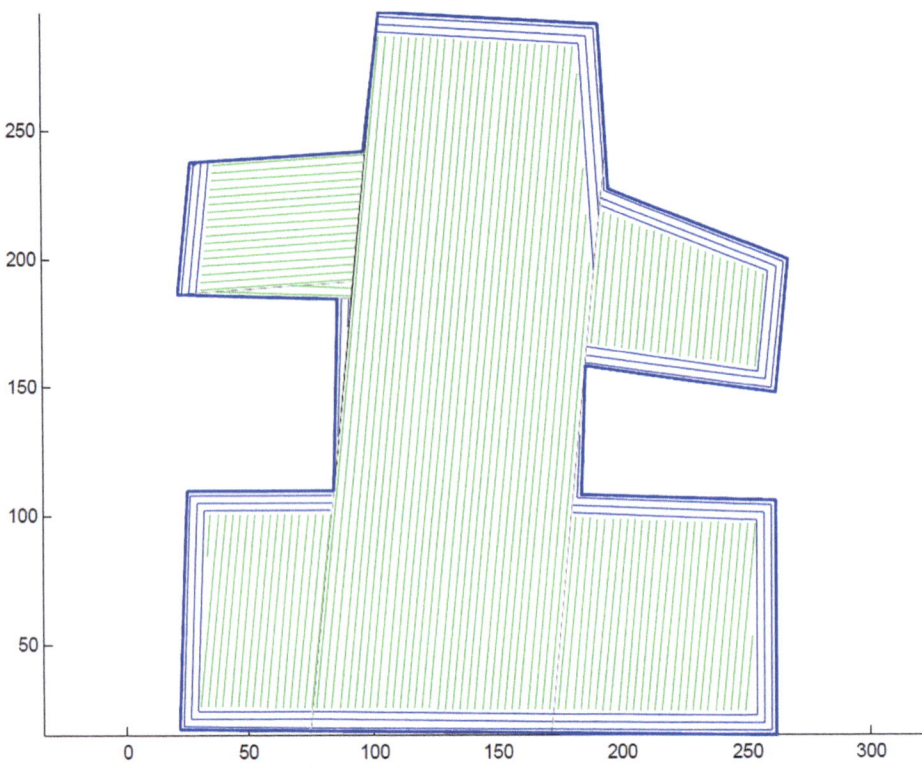

Abb. 2.6 Beeteinteilung für einen Schlag. (Oksanen 2007)

Die Beeteinteilung muss einerseits den Anforderungen der Transportprozesse genügen und andererseits eine möglichst große durchschnittliche Länge der Bearbeitungsspuren gewährleisten (Abb. 2.6). Je länger die Bearbeitungsspuren sind, desto weniger Wendevorgänge sind notwendig.

Sonderformen der Feldbearbeitung
Weitere Arbeitsweisen der Arbeitseinheiten sind die Rundumfahrttechnik, der Kreuzgang und das schräge Anfahren zur Hauptbearbeitungsrichtung (Tab. 2.3). Die beiden letztgenannten Arbeitsweisen dienen hauptsächlich der Einebnung des Ackerlandes. Eine intensive Einebnung kann mit der Arbeit in Kreuzgang, der eine rechteckige Form des Feldes voraussetzt, erreicht werden.

Bei Anwendung der Rundumfahrttechnik entfallen durch eine spiralförmige Bearbeitung des Feldes regelmäßig wiederkehrende Wendevorgänge (Abb. 2.7). Geringen Abweichungen des Feldes von der Kreisform folgt man durch leichte Lenkeinschläge. Im inneren des Feldes entsteht, wenn der Lenkeinschlag auf den kleinen Kreisbahnen zu stark wird, ein Restbeet, welches in Kehrtechnik fertig gestellt werden sollte. Die Zeiten für Wenden und Kurzfahrten, um das innere Restbeet und gegebenenfalls entstehende

2.1 Bearbeitung der Felder

Tab. 2.3 Sonderformen der Feldbearbeitung

Bezeichnung	Grafik	Erläuterung
Rundumfahrttechnik		*Vorteil*: weniger Wendevorgänge, Mehrmaschineneinsatz möglich *Nachteil*: höhere Zeitverluste im Innenkreis, nur für größere Felder geeignet, rechteckige Felder ungeeignet
Kreuzgangtechnik		*Vorteil*: effektive Doppelbearbeitung zur Korrektur von Fehlern bei der Bodenbearbeitung *Nachteil*: höhere Belastung von Mensch und Technik durch Querfahrt zur Hauptarbeitsrichtung, kein Mehrmaschineneinsatz möglich, rechteckige Feldform vorteilhaft
Kehrtechnik mit schräger Anfahrt		*Vorteil*: Korrektur von Fehlern bei der Bodenbearbeitung, bessere Stroheinarbeitung *Nachteil*: wie bei Beettechnik, höhere Belastung von Mensch und Technik

Restbeete am äußeren Rand abzuarbeiten, müssen in einem günstigen Verhältnis zu den eingesparten Wendezeiten stehen. Aspekte, die eine Nutzung der Rundumfahrttechnik einschränken, ergeben sich aus den Anforderungen der angebauten Fruchtarten hinsichtlich gerader Bearbeitungsspuren und den verlängerten Fahrtwegen der Transportfahrzeuge bei den Erntearbeiten.

Mit Hilfe von Simulationssoftware wurde getestet, ob in Anlehnung an die Rundumfahrttechnik das Anlegen eines überbreiten Vorgewendes Zeitvorteile bringen kann. Das Vorgewende wurde so breit angelegt, dass in der Mitte des Feldes nur noch ein kleines Restbeet fertiggestellt werden muss (Abb. 2.8, Variante 3). Geringe Zeitvorteile ergaben sich bei dieser Rundumfahrttechnik nur auf runden und dreieckigen Feldern.

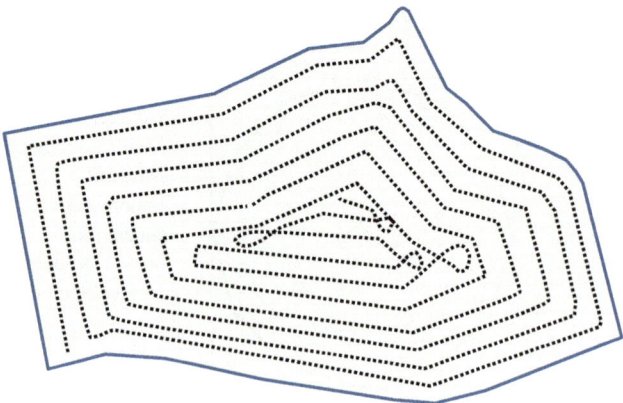

Abb. 2.7 Futterernte in Rundumfahrttechnik

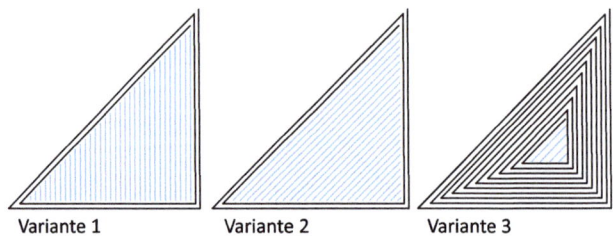

Abb. 2.8 Varianten der Bearbeitungspuren bei unterschiedlicher Vorgewendebreite und Arbeitsrichtung am dreieckigen Feld

Tab. 2.4 Durchschnittliche Länge der Bearbeitungsspur und verfahrensspezifische Arbeitszeit am dreieckigen Feldstück bei verschiedenen Arbeitsweisen (AB = 12,5 m; v_F = 10 km/h)

	Länge[1]	Anzahl[2]	Gesamtfahrstrecke[3]	Anzahl Wendungen	verfahrensspezifische Arbeitszeit
	m	–	m	–	hh:mm:ss
Variante 1	259	39	10.087	38	01:16:04
Variante 2	336	30	10.092	29	01:14:35
Variante 3	297	30 + 4	9892 + 210	29 + 4	01:14:42

[1] durchschnittliche Länge der Bearbeitungsspuren, [2] Anzahl der Bearbeitungsspuren, [3] Gesamtfahrstrecke zur Bearbeitung des Teiles des Feldes

In Tab. 2.4 werden die drei verschiedenen Arbeitsweisen der Bearbeitung für das nahezu gleichseitige, dreieckige Feldstück aus Abb. 2.8 verglichen. Für Variante 2 fällt die geringste Anzahl Wendungen an. Die zugehörigen Wendungen sind aber bedingt durch den Winkel beim Auftreffen am Vorgewende die zeitaufwendigsten. Welcher Variante der Vorzug zu geben ist, hängt von der Manövrierfähigkeit der Arbeitsgeräte ab. Wesentlich für die Entscheidung sind die durchschnittliche Länge der Bearbeitungsspuren und die Wendezeit. In unserem Beispiel kann den Varianten 2 und 3 der Vorzug gegeben werden.

2.2 Durchschnittliche Länge der Bearbeitungsspuren

Die Wegstrecke S_{ges}, die zur Bearbeitung eines Feldes zurückgelegt werden muss, ist nahezu richtungsunabhängig und berechnet sich aus dem Quotienten von Fläche A zu durchschnittlicher effektiver Arbeitsbreite AB_{Eff}.

$$S_{ges} = \frac{A}{AB_{Eff}} \tag{2.1}$$

Die effektive Arbeitsbreite AB_{Eff} ist kleiner als die technische Arbeitsbreite, sie resultiert bei nicht GPS-gestützten Lenksystemen aus der unvollständigen Nutzung der technischen Arbeitsbreite infolge Überlappung.

Die Anzahl der Bearbeitungsspuren n_B lässt sich aus dem Quotienten von Gesamtbearbeitungsbreite B_F zu effektiver Arbeitsbreite AB_{Eff} der Maschineneinheit bestimmen (Abb. 2.9).

$$n_B = \frac{B_F}{AB_{Eff}} \tag{2.2}$$

Die durchschnittliche Länge der Bearbeitungsspuren $\bar{L}$ berechnet sich aus dem Quotienten von Wegstrecke S_{ges} zu Anzahl der Bearbeitungsspuren bzw. aus dem Quotienten von der Größe des Feldes A zu der Gesamtbearbeitungsbreite B_F.

$$\bar{L} = \frac{S_{ges}}{n_B} = \frac{A}{B_F} \tag{2.3}$$

Beispiel: Die durchschnittliche Länge der Bearbeitungsspuren auf einem Feld mit einer Fläche von 40 ha und einer Gesamtbreite von 530 m beträgt 755 m.

$$\bar{L} = \frac{400.000\,m^2}{530\,m} = 755\,m \tag{2.4}$$

Die Abb. 2.10 zeigt, dass sich bei diagonaler Bearbeitung des Feldes (wie irrtümlich angenommen werden könnte) keine größere, sondern eine kleinere durchschnittliche Länge der Bearbeitungsspuren ergibt, da die Gesamtbearbeitungsbreite B_F größer als bei gerader Bearbeitungsrichtung ist und mehr Wendungen erforderlich sind.

Abb. 2.9 Gesamtbearbeitungsbreite B_F eines Schlages

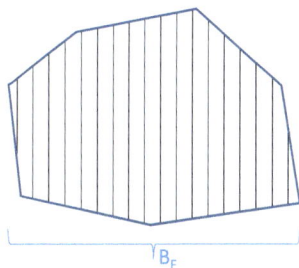

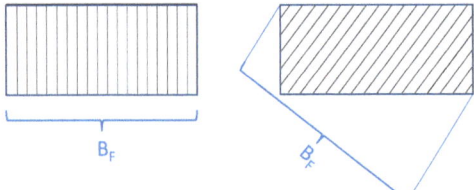
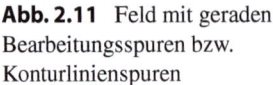

Abb. 2.10 Gesamtbearbeitungsbreite B_F in Abhängigkeit von der Hauptbearbeitungsrichtung

Abb. 2.11 Feld mit geraden Bearbeitungsspuren bzw. Konturlinienspuren

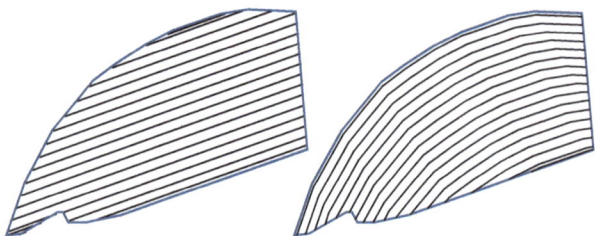

Neben geraden Bearbeitungsspuren (A-B-Spuren) werden auch Konturlinienspuren genutzt. Die Bearbeitungsspuren kopieren dazu die Form einer Außenkante. Nachteil der Konturlinienspuren ist der höhere technische Aufwand bei automatisch gelenkten Systemen bzw. eine geringere Spurgenauigkeit. Diese Arbeitsweise sollte nur angewendet werden, wenn die Anzahl der Bearbeitungsspuren verringert bzw. Wendevorgänge verkürzt werden können. Im Beispiel (Abb. 2.11) sollten gerade Bearbeitungsspuren bevorzugt werden. Bei annähernd gleicher Gesamtbearbeitungsbreite B_F bzw. gleicher Anzahl Bearbeitungsspuren ist die durchschnittliche Spurlänge nahezu identisch.

2.3 Wende- und Rangiervorgänge

Um auf dem Feld Raum für die Wende- und Rangiervorgänge zu schaffen, wird ein Vorgewende angelegt. Die Breite des Vorgewendes hängt von der Arbeitsbreite und der Manövrierfähigkeit der eingesetzten Arbeitsmittel ab. Begünstigend auf die Bearbeitung wirken sich rechtwinklige Felder aus, da nur am oberen und unteren Feldende ein Vorgewende benötigt wird. Abhängig von der Arbeitsaufgabe wird zu Beginn (z. B. Erntearbeiten) oder am Ende der Arbeiten (z. B. Grundbodenbearbeitung) das Vorgewende bearbeitet.

Die durch Wende- und Rangiervorgänge verursachten Zeitanteile liegen zwischen 5 % und 20 %. Je kleiner das Feld ist, je schneller die Arbeitsmaschine fährt, je größer der Wendeweg bzw. je länger die Wendung dauert, umso höher ist der dafür notwendige Zeitanteil (s. Abschn. 5.5). Einfluss darauf haben auch die Erfahrung des Maschinisten, die Manövrierfähigkeit, die Hangneigung, die Bodenoberfläche, die Bodeneigenschaften, der Schlupf, die Witterung, der Reifeninnendruck, die Gestalt des Feldrandes u. a. m.

Je nachdem unter welchen Gegebenheiten die Wendevorgänge erfolgen, sind die in Tab. 2.5 aufgeführten Wendevorgänge gebräuchlich. Die schnellste Möglichkeit und am häufigsten zu finden, ist die U-Wendung. Sie setzt voraus, dass die Arbeitsbreite etwas

2.3 Wende- und Rangiervorgänge

Tab. 2.5 Wendevorgänge bei Beet- und Kehrtechnik mit geradem Vorgewende

Typ	Abbildung	Bedingung
U-Wendung		$2 * r_W < AB$
		$2 * r_W = AB$
T-Wendung		$2 * r_W > AB$ Rückwärtsfahrt erlaubt
Y-Wendung		
Wendung mit Schleife		$2 * r_W > AB$ keine Rückwärtsfahrt
Ω-Wendung		

r_W: Wenderadius, AB: Arbeitsbreite der Maschine

größer als der doppelte Wenderadius ist und das Vorgewende möglichst senkrecht zur Bearbeitungsrichtung steht. Der Wenderadius wird durch die Wendigkeit, die Länge und die Breite sowie dem Schlupf der Gerätekombination beeinflusst.

Trifft die Bearbeitungsspur nicht rechtwinklig auf das Vorgewende, dann verlängert sich der Weg je Wendung und die Wendezeit nimmt zu (Abb. 2.12).

In Abb. 2.13 ist exemplarisch für einen Grubber (AB = 7,5 m) und eine Feldspritze (AB = 32 m) die Wendezeit in Abhängigkeit vom Winkel zwischen Bearbeitungsspur und Vorgewende dargestellt (Fechner 2014). Ist bei der Feldspritze der Winkel zwischen Bearbeitungsspur und Vorgewende kleiner 45° muss aus Platzgründen die Wendung mit Schleife erfolgen und die Wendezeit steigt deutlich.

Abb. 2.12 Verlängerung des Wendeweges bei schrägem Auftreffen am Vorgewende

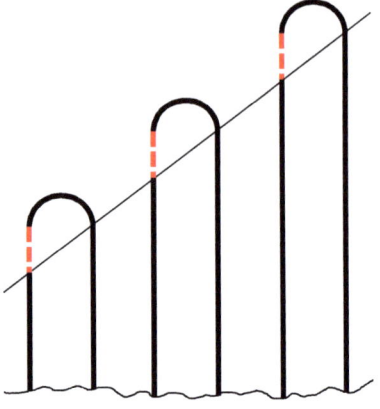

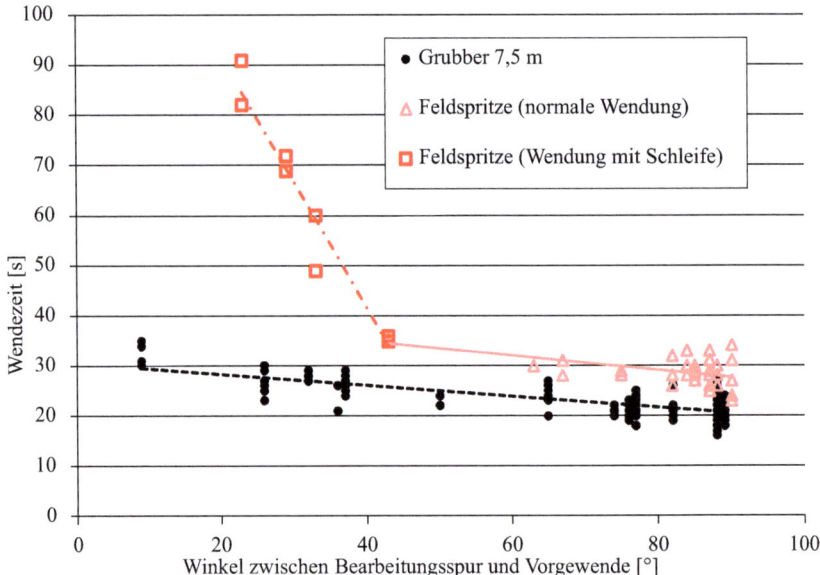

Abb. 2.13 Wendezeit in Abhängigkeit vom Winkel zwischen Vorgewende und Beet für verschiedene Maschinen

Literatur

FECHNER, Winfried (2014): Einfluss der Hauptbearbeitungsrichtung auf die Arbeitszeit im Feldbau am Beispiel eines mitteldeutschen Großbetriebs. In: 19. Arbeitswissenschaftliches Kolloquium des VDI-MEG Arbeitskreises Arbeitswissenschaften im Landbau (S. 22). Potsdam-Bornim

OKSANEN, Timo (2007): Path planning algorithms for agricultural field machines. Dissertation, Helsinki University of Technology

Zeitgliederungsschema   3

Die Zeitgliederung ist die systematische Unterteilung des zeitlichen Verlaufes eines Arbeitsprozesses. Zur Festlegung von Zeitanteilen und ihren Wesensmerkmalen dienen Zeitgliederungsschemata. Die Erfassung der Zeitdauer der einzelnen Arbeitsschritte erfolgt mit Hilfe von Zeitmessungen.

Hier wird ein neues Zeitgliederungsschema vorgestellt, dass zwischen Aufgabenverrichtungszeit, verfahrensspezifischer Arbeitszeit, Feldarbeitszeit und Gesamtarbeitszeit unterscheidet. Diese Gliederung unterstützt sowohl die Bewertung von Verfahren als auch die Planung des Arbeitseinsatzes und die Abrechnung von Arbeitsaufträgen.

3.1 Grundlagen

In Deutschland beschrieb Seedorf 1919 nach amerikanischem Vorbild erste Zeit- und Bewegungsstudien. Für die Industrie nahm 1924 der REFA (Verband für Arbeitsgestaltung, Betriebsorganisation und Unternehmensentwicklung) seine Arbeit auf. Er entwickelt und verbreitet bis heute Methoden zum Arbeitszeitstudium.

Von v. Bismarck und Buchholz wurde 1931 für die Landwirtschaft eine Einteilung der Gesamtarbeitszeit in die vier Kategorien Rüstzeit – Hauptzeit – Nebenzeit – Verlustzeit vorgestellt. Röhner führte 1956 weitere Teilzeiten ein, die er in fünf Gruppen zusammenfasste, Hauptzeit, Nebenzeit, Rüstzeit, Wegezeit und Verlustzeit. Die Hauptzeit ist bei ihm die Arbeitszeit, in der der Arbeitszweck im Sinne der Arbeitsaufgabe erfüllt wird.

1970 wurde auf dem Gebiet der DDR die TGL 22289 „Zeitgliederung in der Landwirtschaft" veröffentlicht und 1974 überarbeitet. Sie war auf die Prüfung von Landmaschinen ausgerichtet und fand eine breite Anwendung.

Das Zeitgliederungsschema des KTBL (Kuratorium für Technik und Bauwesen in der Landwirtschaft e. V.) ist eine Basis für Aufwands- und Kostenkalkulationen in der Landwirtschaft. In den Jahren 2014 (Winkler und Frisch) und 2022 wurde dieses überarbeitet.

Das Zeitgliederungsschema des KTBL (Frisch et al. 2022) unterscheidet in der ersten Gliederungsebene zwischen Hauptzeiten, Störungszeiten und Nebenzeiten. In der Hauptzeit werden die Arbeitsverrichtungszeit, die Wendezeit, die Be- und Entladezeit, die ablaufbedingte Wartezeit, Einstellungszeit und die arbeitsbedingte Erholungszeit zusammengefasst. Zur Nebenzeit gehören Versorgungszeit, Arbeitsvorbereitungszeit, Arbeitsnachbereitungszeit, Wegezeit und Wartungszeit.

Die Zeitgliederung des KTBL dient der Analyse von Arbeitsvorgängen und der Bildung von Arbeitsablaufmodellen im landwirtschaftlichen Umfeld. Das Hauptaugenmerk wird auf den Arbeitsprozess gelegt. Eine deutliche Trennung zwischen Teilzeiten, in denen der Umfang der zu leistenden Aufgabe reduziert wird und Teilzeiten, welche nur mittelbar der Arbeitsaufgabe dienen, erfolgt nicht. Es werden die Wegezeit ohne Last, die Zeit für die Kontrolle (z. B. Arbeitstiefe des Pfluges) und die Arbeitsverrichtungszeit im engeren Sinne der Zeitart zugeordnet, in der der Arbeitszweck erledigt wird. Eine Bewertung von Verfahren hinsichtlich der Effizienz der Aufgabenerledigung wird dadurch erschwert. Eine fehlende Differenzierung zwischen Teilzeiten für Arbeiten, die eindeutig einem einzelnen Arbeitsauftrag (z. B. Kunde A, Feld 06) zugeordnet werden können und den allgemeinen Vor- und Nachbereitungsarbeiten beeinträchtigt ebenso die Verfahrensbewertung.

Im hier vorgestellten neuen Zeitgliederungsschema bekommt die Zeit, in der die Arbeitsaufgabe im engeren Sinne unmittelbar erledigt wird, einen eigenen Gliederungspunkt. Zur Unterscheidung und Abgrenzung zu anderen Definitionen wird sie nicht als Hauptzeit (Zeitgliederungen REFA, KTBL), sondern als *Aufgabenverrichtungszeit* bezeichnet (Abb. 3.1) (Fechner 2014).

Die weiteren Teilzeiten werden in wiederkehrende Nebenzeiten, Störungszeiten, Vor- und Nachbereitungszeiten unterschieden.

3.1 Grundlagen

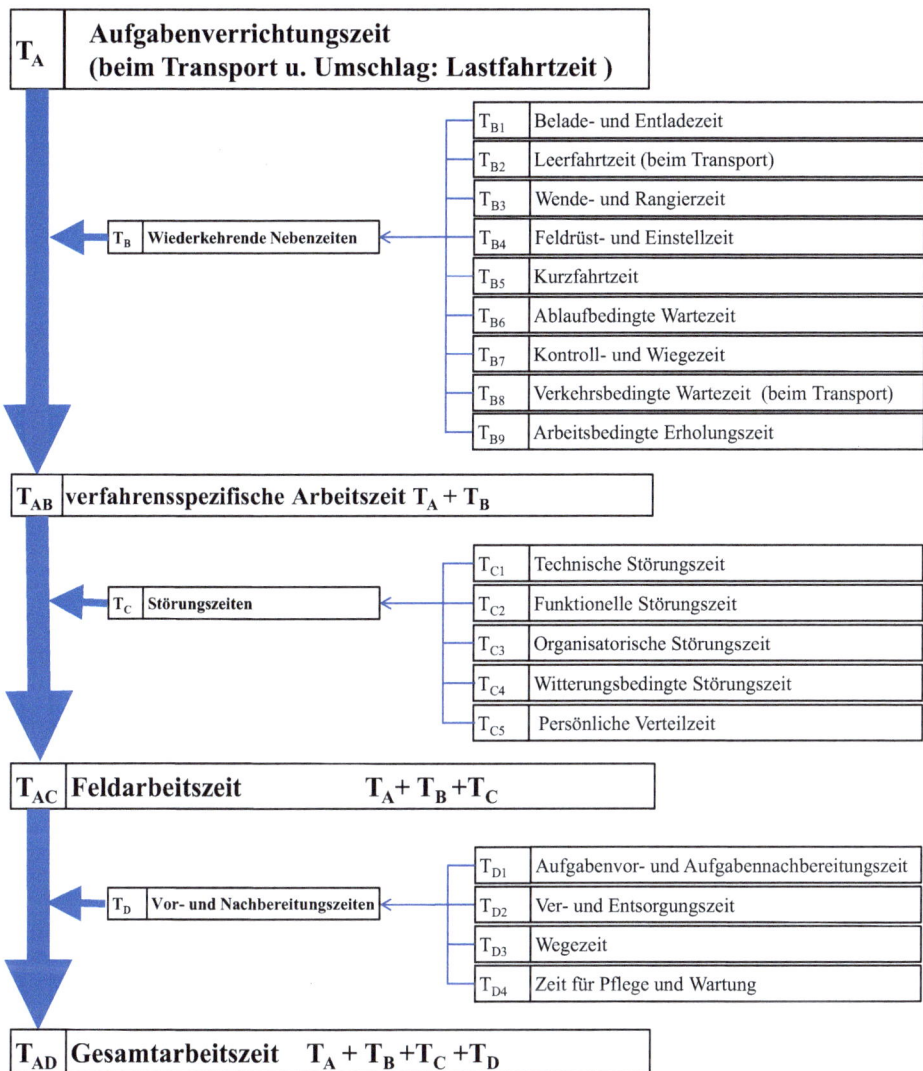

Abb. 3.1 Zeitgliederungsschema mit Teilzeiten und Zeitsummen

3.2 Teilzeiten

In Abb. 3.1 sind alle Teilzeiten des Zeitgliederungsschemas und deren Zuordnung zu den Zeitsummen aufgeführt.

3.2.1 Aufgabenverrichtungszeit und Lastfahrtzeit

In der Aufgabenverrichtungszeit wird die gestellte Arbeitsaufgabe unmittelbar erledigt. Eine Arbeitsaufgabe ist gekennzeichnet durch die Art und den Umfang der Tätigkeit sowie den konkreten Arbeitsort.

> Die **Aufgabenverrichtungszeit** ist der Zeitanteil an der Gesamtarbeitszeit, in der der Umfang der erledigten Arbeitsaufgabe kontinuierlich steigt.

Damit unterscheidet sie sich von den anderen Teilzeiten des Zeitgliederungsschemas, in denen keine Erhöhung der bearbeiteten Fläche erfolgt (Jensen et al. 2013). In Abb. 3.2 ist der Wechsel zwischen Aufgabenverrichtungszeit und wiederkehrenden Nebenzeiten sowie der unterschiedliche Zuwachs an bearbeiteter Fläche dargestellt.

Kommt es zu einer Doppelbearbeitung von Flächen, z. B. am Keil, durch unvollständige Nutzung der Arbeitsbreite ist die Mindernutzung der Arbeitsbreite von der Aufgabenverrichtungszeit proportional abzuziehen und der Kurzfahrtzeit zuzuschlagen.

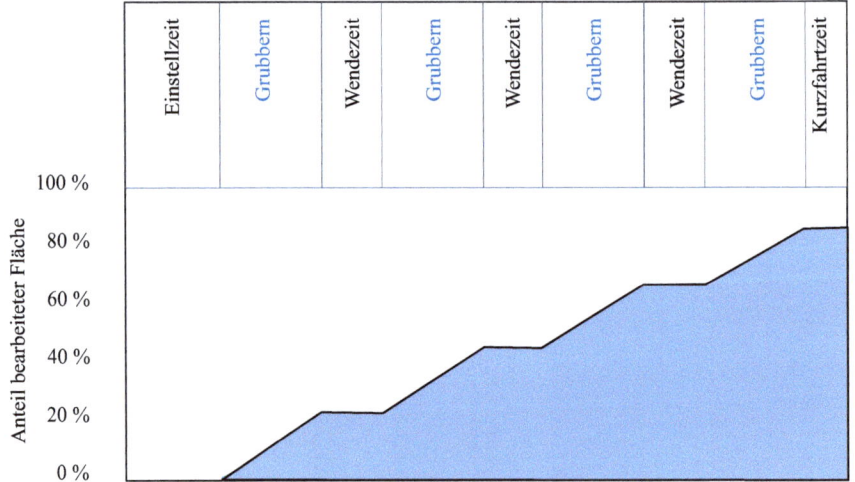

Abb. 3.2 Aufgabenverrichtungszeit (Grubbern) und wiederkehrende Nebenzeiten (Einstellzeit, Wendezeit, Kurzfahrtzeit) sowie der Zuwachs an bearbeiteter Fläche

3.2 Teilzeiten

Aufgabe des Transportes ist die Güterverlagerung von einem zum anderen Ort. Diese Aufgabe wird nur innerhalb der Lastfahrtzeit gelöst. Deshalb wird diese der Aufgabenverrichtungszeit gleichgestellt. Leerfahrten sowie Be- und Entladevorgänge wirken dagegen nur mittelbar und zählen zu den wiederkehrenden Nebenzeiten.

> Die **Lastfahrt** umfasst die Strecke vom Beladeort bis zum Entladeort. Sie beginnt mit dem Ende der Beladezeit oder mit der Fahrt, bei der das Fahrzeug den Beladeort verlässt. Die Lastfahrt endet, wenn das Fahrzeug am Entladeort anhält oder der Entladevorgang beginnt.

Teillastfahrten ergeben sich bei Anfahrt mehrerer Be- bzw. Entladeorte. Der Zeitbedarf für das Be- bzw. Entladen am Arbeitsort ist den wiederkehrenden Nebenzeiten zuzuordnen.

3.2.2 Wiederkehrende Nebenzeiten

In regelmäßigen Abständen wird die Aufgabenverrichtung durch wiederkehrende Nebenarbeiten unterbrochen. Diese Nebenarbeiten zeichnen sich dadurch aus, dass sie

- die Arbeitserledigung nur mittelbar unterstützen,
- den Umfang der Arbeitsaufgabe nicht verringern,
- einem einzelnen Auftrag direkt zugehörig,
- zeitlich vorhersehbar und
- unvermeidbar sind.

Zu den wiederkehrenden Nebenzeiten zählen:

1. Belade- und Entladezeit,
2. Leerfahrtzeit,
3. Wende- und Rangierzeit,
4. Feldrüst- und Einstellzeit,
5. Kurzfahrtzeit,
6. ablaufbedingte Wartezeit,
7. Kontroll- und Wiegezeit,
8. verkehrsbedingte Wartezeit und
9. arbeitsbedingte Erholungszeit.

In der Praxis wird unter Beladezeit eines Transportfahrzeuges oft der gesamte Aufenthalt auf dem Feld zur Befüllung verstanden. Zur Beurteilung der Effizienz von Beladevorgängen ist es jedoch erforderlich die Beladezeit ausschließlich als den Zeitanteil zu definieren, bei dem sich die Lademasse erhöht. Die getrennte Zuordnung weiterer Teilzeiten, wie „ablaufbedingte Wartezeit" und „Kurzfahrtzeit", ermöglicht eine bessere Beurteilung des Beladeverfahrens.

> Die **Beladezeit** umfasst den Zeitraum, bei dem die Lademasse ansteigt.

Zur Ermittlung der Beladezeit ist die Lademasse oder das Ladevolumen kontinuierlich zu erfassen (visuell/messtechnisch). Ist das nicht möglich, könnte ein zeitlicher Abgleich mit den Überladevorgängen der Erntemaschinen erfolgen.

> Die **Entladezeit** umfasst den Zeitraum, in dem sich die Lademasse verringert.

Wird die Lademasse abgekippt, kann der Entladevorgang nur wenige Sekunden dauern.
Beim Entladen von Stückgut ergibt sich meist eine Vielzahl von Teilentladungen. Die Zeit zwischen den einzelnen Stückgutentnahmen gehört nicht zur Entladezeit. Je nachdem, ob sich das Transportfahrzeug bewegt oder steht, werden diese als „Kurzfahrtzeit" oder „ablaufbedingte Wartezeit" ausgewiesen.
Bei den Transportfahrzeugen fallen regelmäßig zwischen Entladeort und Beladeort Leerfahrten an.

> **Die Leerfahrtzeit** beginnt mit der Fahrt, die dem Verlassen des Ausgangsortes oder des Entladeortes dient. Sie endet, wenn das Transportfahrzeug nach dem Erreichen des Beladeortes anhält oder der Beladevorgang beginnt.

Für die Bestimmung der Leerfahrt sind analog den Lastfahrten in Abhängigkeit von der Transportaufgabe Belade- und Entladeort festzulegen. Bei mehreren Entladungen an verschiedenen Standorten, beginnt die Leerfahrt erst nach der vollständigen Leerung.
Mit Erreichen des Feldendes führen die Maschinen und Geräte regelmäßig Wende- und Rangiermanöver aus. Die dazu notwendige Fahrtzeit, inklusive kurzer Stopps beim Fahrtrichtungswechsel, bilden die Wende- und Rangierzeiten. Sie beginnen direkt nach der Aufgabenverrichtungszeit und enden mit der folgenden Aufgabenverrichtungszeit.

> **Wende- und Rangierzeiten** sind die Zeiten, die für die Fahrt zwischen zwei Aufgabenverrichtungszeiten benötigt werden.

Die Dauer von Wendevorgängen ist u. a. abhängig vom Typ der Wendung, den Maschinenmaßen, der Fahrgeschwindigkeit, den Bodenbedingungen und der Geländeneigung.

3.2 Teilzeiten

Wird ein Wendevorgang durch eine andere Teilzeit unterbrochen, wird in diesen Fällen die komplette Zeitdauer ab dem Ende der Aufgabenverrichtungszeit der Teilzeit zugeordnet, die die Unterbrechung verursacht hat.

Die von den Arbeitsmitteln und Transportfahrzeugen zurückgelegten Fahrten, werden in unterschiedliche Teilzeiten eingeordnet. Fahrten, die unmittelbar der Arbeitsaufgabe dienen, gehören zur Aufgabenverrichtungszeit oder zur Lastfahrtzeit. Zu den wiederkehrenden Nebenzeiten gehören die Leerfahrtzeit sowie die Wende- und Rangierzeit, die nur mittelbar der Arbeitsaufgabe dienen. Weitere Fahrten, die nur mittelbar der Arbeitsaufgabe dienen und einer Arbeitsaufgabe eindeutig zugeordnet werden können, wie z. B. Fahrten auf dem Feld bei Bodenbearbeitung für den Kunden A oder Fahrten auf dem Betriebsgelände zum Befüllen der Feldspritze, gehören als wiederkehrende Nebenzeit zur Kurzfahrtzeit.

> Zur **Kurzfahrtzeit** gehören alle Fahrtzeiten von Transportfahrzeugen und Arbeitsmitteln, die den wiederkehrenden Nebenzeiten zugeordnet werden können und keine Leerfahrtzeit oder Wende- und Rangierzeiten sind.

Fahrten von Transportfahrzeugen und Arbeitsmitteln, die nicht eindeutig einer einzelnen Arbeitsaufgabe zugewiesen werden können, z. B. die Fahrtzeit zur Tankstelle oder zum Anbaugerät innerhalb des Betriebsgeländes, werden als Aufgabenvor- und Aufgabennachbereitungszeit gewertet.

> Die **Einstellzeit** umfasst die Dauer der Arbeitsunterbrechung, während der die Arbeitsorgane an die jeweiligen Bedingungen am Arbeitsort angepasst werden.

> Die **Feldrüstzeit** ist die Zeit, in der das Arbeitsmittel auf dem Feld in den funktionsfähigen Zustand versetzt bzw. für die Fahrt auf der Straße vorbereitet wird. Es sind die Tätigkeiten zu berücksichtigen, die zwingend auf dem Feld selbst ausgeführt werden müssen.

Während der Einstell- und Feldrüstzeiten wird das Arbeitsmittel auf die lokale Arbeitsaufgabe vorbereitet. Vorbereitungsarbeiten an der Maschine, die nicht eindeutig der einzelnen Arbeitsaufgabe zu zuweisen sind, sind den Aufgabenvor- und Aufgabennachbereitungszeiten zuzuordnen. Sie würden die Einschätzung des Arbeitsbedarfs auf dem konkreten Feld verfälschen (s. Abschn. 3.2.4).

> **Ablaufbedingte Wartezeiten** unterbrechen die Arbeit infolge von Abhängigkeiten zu anderen im Verfahren beteiligten Personen, Maschinen und Anlagen.

Um hohen Kapazitätsanforderungen zu genügen, können mehrere Arbeitsmittel parallel auf einem Feld eingesetzt werden. Dies kann auch arbeitsteilig erfolgen, indem unterschiedliche Maschinen in einem Arbeitsverfahren zum Einsatz kommen.

Ablaufbedingte Wartezeiten entstehen durch unvollkommene Abstimmung der Maschinen innerhalb der Ernte- und Transportkette bzw. Ausbringkette (Leistung, Lademasse) oder durch noch nicht vollständig beendete Wirkprozesse (ausgasen, mischen) (Frisch et al. 2022). Häufig wird die Leistung der Transportkette überdimensioniert, um Standzeiten der Erntemaschinen bei schwankender Transportleistung zu vermeiden. Eine weitere Ursache für ablaufbedingte Wartezeiten kann auch im Einsatz unterschiedlicher Typen von Transporteinheiten mit ungleichen Lademassen und Fahrgeschwindigkeiten innerhalb einer Transportkette bestehen (s. „Kap. 6").

Die ablaufbedingte Wartezeit ist dadurch charakterisiert, dass bei ihrem Auftreten die betroffenen Einheiten stehenbleiben. Im Arbeitsprozess wird aber oft durch eine vorausschauende Senkung des Arbeitstempos sowie die Durchführung anderer Tätigkeiten die reale ablaufbedingte Wartezeit verkürzt.

Weitere wiederkehrende Nebenzeiten:

> **Kontroll- und Wiegezeiten** dienen der Mengen- und Qualitätserfassung im Arbeitsprozess.

> Die **verkehrsbedingte Wartezeit** entspricht der verkehrsbedingten Fahrtzeitverlängerung auf öffentlichen Verkehrswegen während einer Lastfahrt, Leerfahrt oder Kurzfahrt.

> **Arbeitsbedingte Erholungszeit** entsteht wegen Erschöpfung durch Arbeitsleistung. Sie ist nicht mit den Pausenzeiten oder der persönlichen Verteilzeit zu verwechseln.

3.2.3 Störungszeiten

> **Störungszeiten** unterbrechen unvorhersehbar die Erledigung der Arbeitsaufgabe.

Die Störungszeiten besitzen stochastischen Charakter und werden deshalb in einem eigenen Gliederungspunkt zusammengefasst. Sie können folgendermaßen unterteilt werden:

Technische Störung: Die Arbeitsunterbrechung wird durch einen technischen Defekt am Arbeitsmittel verursacht. Durch Austausch oder Befestigung von Bauteilen wird die Funktionsfähigkeit wiederhergestellt.

Funktionelle Störung: Ein Arbeitsorgan arbeitet u. a. infolge von Verstopfung, Drehzahlabfall, Nothalt oder Fehlbedienung nicht mehr korrekt. Zur Behebung der Störung müssen keine Maschinenteile ausgewechselt werden.

Organisatorische Störung: Hierzu gehören alle weiteren, zufälligen Störungen, die die Arbeit am Arbeitsort unterbrechen.

Witterungsbedingte Störung: Durch unerwartete Wetteränderung muss die Arbeit kurzzeitig unterbrochen werden.

Persönliche Verteilzeit: Die Arbeit wird durch persönliche Bedürfnisse unterbrochen. An der Maschine sind keine Veränderungen notwendig.

3.2.4 Vor- und Nachbereitungszeiten

Zu den Vor- und Nachbereitungszeiten zählen:

1. Aufgabenvor- und Aufgabennachbereitungszeit,
2. Ver- und Entsorgungszeit,
3. Wegezeit und
4. Zeit für Pflege und Wartung.

Arbeitsaufträge beginnen mit der Arbeitsvorbereitung und enden mit einer Nachbereitung. Die Zeiterfassung der Vor- und Nachbereitungsarbeiten dient sowohl der Verfahrenskontrolle als auch der Kostenrechnung oder der Planung.

Kennzeichnend für die Vor- und Nachbereitungszeiten ist, dass sie nicht zwingend einzelnen konkreten Arbeitsaufgaben zugeordnet werden können. Werden z. B. mehrere Felder unterschiedlicher Kunden an einem Tag bearbeitet, dann ist die notwendige Zeit zum Anbau des Arbeitsgerätes und zur Pflege und Wartung mittels Verteilerschlüssel auf die einzelnen Aufträge zu verteilen. Als Maßstab für die Verteilung kann die bearbeitete Fläche, die bewegte Masse, die benötigte Arbeitszeit, die Anzahl Kunden usw. dienen.

> **Vor- und Nachbereitungszeiten**
> In der **Vorbereitungszeit** werden die für die Arbeitsaufgabe erforderlichen Maschinen und Aggregate in einen einsatzfähigen Zustand versetzt.
>
> In der **Nachbereitungszeit** werden im Arbeitsprozess genutzte Maschinen und Aggregate möglichst so abgelegt bzw. abgestellt, dass der Vorbereitungsaufwand für den nächsten Einsatz minimiert wird.

Aufgabenvor- und Aufgabenachbereitungszeit
Die Arbeiten dienen nicht einer einzelnen Arbeitsaufgabe, sondern vielmehr der Maschine oder dem Arbeitsgerät und finden vorwiegend auf dem Betriebsgelände statt.

Beispiele: Anbau eines Arbeitsgerätes, Funktionstest der Maschine, Abstellen einer Feldspritze, organisatorische Absprache usw.

Alle Arbeiten der Aufgabenvor- und Aufgabennachbereitung, die nicht zwingend am Arbeitsort ausgeführt werden müssen (Feldrüste und Einstellen), werden hier eingeordnet.

Ver- und Entsorgungszeit
Hierzu gehören die Arbeitszeiten für das Auffüllen der Maschine mit Betriebsmitteln, die in der Regel für alle Arbeitsaufträge des Tages ausreichen (Betanken des Traktors, Befüllen mit Bindegarn) sowie die Entsorgung von Verpackungsmaterialien.

Wegezeit
Zur Wegezeit gehört die Fahrtzeit vom Betriebsgelände zum Arbeitsort und zurück. Gegebenenfalls kommen die Zeiten für Fahrten zwischen verschiedenen Arbeitsorten hinzu. Die zurückzulegenden Wege variieren in Abhängigkeit von den Entfernungen der verschiedenen Arbeitsorte und der Reihenfolge ihrer Abarbeitung.

Die Wegezeit beginnt mit der Abfahrt vom Ausgangsort (Betriebsgelände) bei Arbeitsbeginn und endet mit dem Halten am Arbeitsort.

Wird jedoch eine Maschine schon am Ausgangsort beladen (z. B. Mineraldüngerstreuer), ist die Fahrt vom Beladeort zum Arbeitsort (Feld) einer Lastfahrtzeit gleichzusetzen. Eine Lastfahrt ergibt sich auch am Ende des Tages, wenn der Rückweg eines Transportfahrzeuges im beladenen Zustand angetreten wird.

Pflege- und Wartungszeit
Zur Pflege und Wartung gehören regelmäßige Maßnahmen zum Funktionserhalt der Maschine mit vorgegebenem Umfang und Dauer in festgelegten Zeitabständen. Sie können der Betriebsanleitung entnommen werden.

3.3 Verfahrensspezifische Arbeitszeit, Feldarbeitszeit, Gesamtarbeitszeit

Aus Aufgabenverrichtungszeit, wiederkehrenden Nebenzeiten, Störungszeiten, Vor- und Nachbereitungszeiten können drei Zeitsummen gebildet werden:

- verfahrensspezifische Arbeitszeit
$$T_{AB} = T_A + T_B = T_A + T_{B1} + T_{B2} + T_{B3} + T_{B4} + T_{B5} + T_{B6} + T_{B7} + T_{B8} + T_{B9}$$

- Feldarbeitszeit
$$T_{AC} = T_{AB} + T_C = T_{AB} + T_{C1} + T_{C2} + T_{C3} + T_{C4} + T_{C5}$$

- Gesamtarbeitszeit
$$T_{AD} = T_{AC} + T_D = T_{AC} + T_{D1} + T_{D2} + T_{D3} + T_{D4}$$

Die **verfahrensspezifische Arbeitszeit** T_{AB} ergibt sich aus der Summe von Aufgabenverrichtungszeit T_A und wiederkehrenden Nebenzeiten T_B. Sie beinhaltet alle Teilzeiten, die der Arbeitsaufgabe mittelbar und unmittelbar zugeordnet werden können. Mit Hilfe der verfahrensspezifischen Arbeitszeit und den darin enthaltenen Teilzeiten können im Besonderen die Arbeitsweise und das Zusammenspiel der eingesetzten Maschinen und Geräte unabhängig von zufälligen technischen und funktionellen Störungen sowie betrieblichen Besonderheiten beurteilt und verglichen werden.

Die Höhe des Anteils der Aufgabenverrichtungszeit an der verfahrensspezifischen Arbeitszeit ist ein Maß für die Effizienz eines Verfahrens, da der Einfluss der zufälligen Störungszeiten und betriebsspezifischen Gegebenheiten der Vor- und Nachbereitung des Arbeitstages vermieden wird. Das Zusammenspiel von z. B. Erntemaschinen und Transporteinheiten ist umso besser, je weniger ablaufbedingte Wartezeiten auftreten. Inwieweit beim Mähdrusch eine optimale Beetbreite in Abhängigkeit von der Arbeitsbreite, der Maschinenanzahl und dem Transportverfahren gewählt wurde, zeigt sich z. B. im Anteil der Wendezeit.

Die **Feldarbeitszeit** T_{AC} setzt sich aus der verfahrensspezifischen Arbeitszeit T_{AB} und den Störungszeiten T_C zusammen. Sie gibt Auskunft über den zu erwartenden Zeitbedarf am Arbeitsort. Die Feldarbeitszeit kann eindeutig einer Arbeitsaufgabe zugeordnet werden.

Die **Gesamtarbeitszeit** T_{AD} umfasst den gesamten Zeitbedarf für die Bewältigung der Arbeitsaufgabe. Sie setzt sich aus der Feldarbeitszeit T_{AC} und den bei Arbeitsbeginn, Feldwechsel und am Ende des Arbeitstages anfallenden Vor- bzw. Nachbereitungszeiten T_D zusammen. Für eine einzelne Arbeitsaufgabe ergibt sich die Gesamtarbeitszeit aus der zugehörigen Feldarbeitszeit und den nur anteilig zuordenbaren Vor- und Nachbereitungszeiten.

Welche Zeitsummen von den Anwendern genutzt werden, ist vom Zweck der Zeiterfassung (z. B. Maschinenprüfung, Verfahrensbewertung, Einsatzplanung) abhängig.

3.4 Prioritätsregel und Erweiterung des Zeitgliederungsschemas

Während einer Zeitstudie kann es vorkommen, dass der gemessene Zeitabschnitt nicht eindeutig nur einer Teilzeit zugeordnet werden kann. In diesen Fällen ist die Teilzeit mit der höheren Priorität zu wählen. Die Priorität ergibt sich aus der Stellung im Zeitgliederungsschema (s. Abschn. 3.2). Die Aufgabenverrichtungszeit hat die höchste Priorität, die Zeit für Pflege und Wartung die niedrigste Priorität.

Beispiele:
Ein Mähdrescher mit vollem Bunker hält am Feldrand an. Alle Transportfahrzeuge sind unterwegs. Innerhalb der Standzeit wechselt der Fahrer am Schneidwerk vorsorglich eine Klinge. Bevor die Reparatur abgeschlossen ist, steht auf dem Feld wieder ein Transportfahrzeug zur Verfügung. Die Standzeit könnte einer ablaufbedingten Wartezeit oder einer technischen Störungszeit zugeordnet werden. Die Prioritätsregel besagt, dass die Standzeit bis zum Eintreffen des Transportfahrzeuges als ablaufbedingte Wartezeit gewertet wird. Erst danach beginnt eine technische Störungszeit und endet mit der Anfahrt des Mähdreschers.

Ein Mähdrescher bunkert während des Dreschens ab. Entsprechend der Prioritätsregel gehört diese Zeit zur Aufgabenverrichtungszeit. Wenn das Abbunkern mit dem Erreichen des Beetendes fortgesetzt wird, beginnt eine Entladezeit.

Unter den konkreten Bedingungen einer Zeitstudie kann es erforderlich sein, das Zeitgliederungsschema zu erweitern. Dies betrifft sowohl zusätzliche Untergliederungen als auch eigene Zeitsummen.

Es kann erforderlich sein, bei der Wegezeit zwischen der Fahrt auf der Straße T_{D3a} und auf dem Feldweg T_{D3b} zu unterscheiden.

Eigene Zeitsummen ergeben sich z. B., wenn für die Beurteilung einer Maschine alle maschinenbedingten Störungszeiten T_C, Reparaturzeiten am Ausgangsort T_{D1} sowie Pflege- und Wartungszeiten T_{D4} zu einer Instandhaltungszeit T_{Inst} zusammengefasst werden.

3.5 Darstellung der Teilzeiten

Ein übersichtliches Abbild der Teilzeiten bietet die Darstellung der Ergebnisse in Form eines Kacheldiagrammes mit Flächenanteilen proportional den Zeitanteilen (Abb. 3.3). Die vier Zeitsummen Aufgabenverrichtungszeit, wiederkehrende Nebenzeiten, Störungszeiten sowie Vor- und Nachbereitungszeiten werden übereinander dargestellt.

Die weitere Unterteilung innerhalb dieser Teilzeiten erfolgt mit nebeneinander liegenden Kacheln. In jeder Kachel können die Bezeichnung und Dauer vermerkt sein.

In Abb. 3.4 werden die Teilzeiten einer Zeitstudie bei der Bodenbearbeitung dargestellt (Beispiel 1).

Die untere Kachel umfasst den Zeitanteil der Aufgabenverrichtung. In unserem Beispiel zur Bodenbearbeitung umfasst diese mit 06:22:10 h einen Anteil von 64,7 % an der Gesamtarbeitszeit.

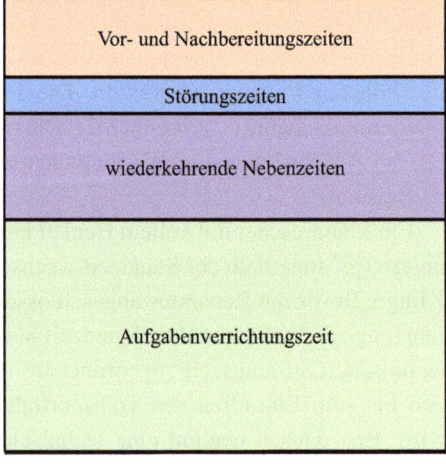

Abb. 3.3 Flächenproportionale Darstellung von Zeitanteilen

3.5 Darstellung der Teilzeiten

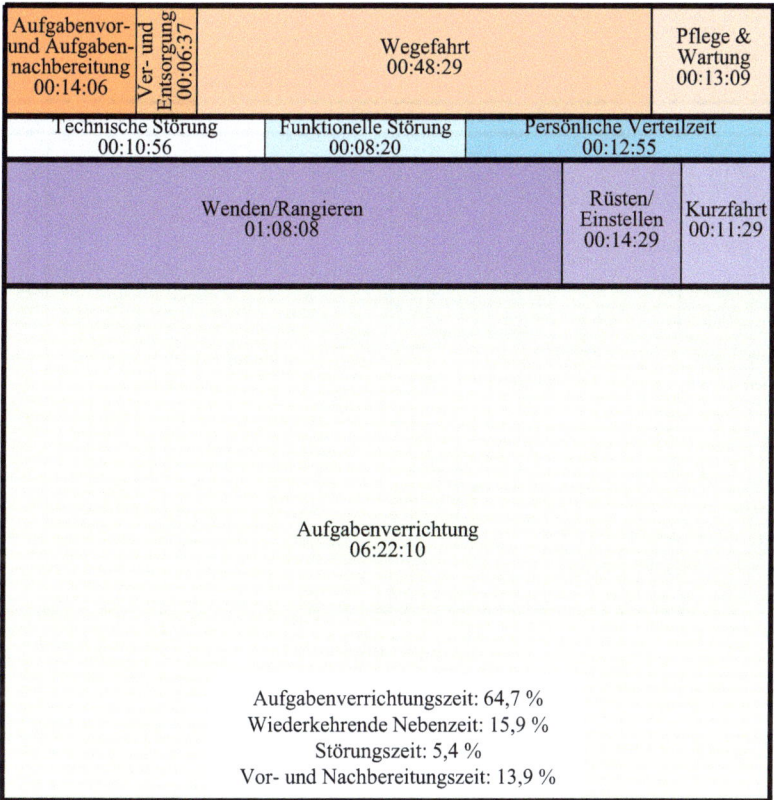

Abb. 3.4 Kacheldiagramm für die Zeitanteile bei der Bodenbearbeitung

Die darüber befindlichen Kacheln repräsentieren mit insgesamt 15,9 % den Zeitanteil für die wiederkehrenden Nebenzeiten. Links beginnend ist der Zeitanteil für „Wenden und Rangieren" mit 01:08:08 h dargestellt. Es schließen sich Feldrüst- und Einstellzeiten (14:29 min) sowie Kurzfahrtzeit (11:29 min) an.

Die darüber liegenden Kacheln stellen die drei Störungszeiten mit 32:11 min (5,4 %) dar.

Die obersten Kacheln umfassen den Zeitanteil für die Arbeiten der Vor- und Nachbereitung. Hier gab es Zeitaufwendungen für Aufgabenvor- und Aufgabennachbereitung (14:06 min, 2,4 %), Ver- und Entsorgung, (06:37 min, 1,1 %), Wegefahrten (48:29 min, 8,2 %) sowie Pflege und Wartung (13:09 min, 2,2 %).

Insgesamt repräsentiert das Diagramm eine Zeitspanne von 09:50:48 h.

Abb. 3.5 zeigt die Ergebnisse einer Zeitstudie bei Transportarbeiten (Beispiel 2).

Die untere Kachel entspricht mit 56:42 min (22,8 %) dem Zeitanteil der Lastfahrt. Einen großen Anteil nehmen die darüber liegenden Kacheln der wiederkehrenden Nebenzeiten ein. Darin enthalten sind Beladen (18:07 min, 7,3 %), Entladen (04:45 min, 1,9 %), Leerfahrt (49:11 min, 19,7 %), Kurzfahrt (14:37 min, 5,9 %), ablaufbedingtes Warten (00:49:53 min, 20 %) sowie Wiegen und Kontrolle (08:00 min, 3,2 %).

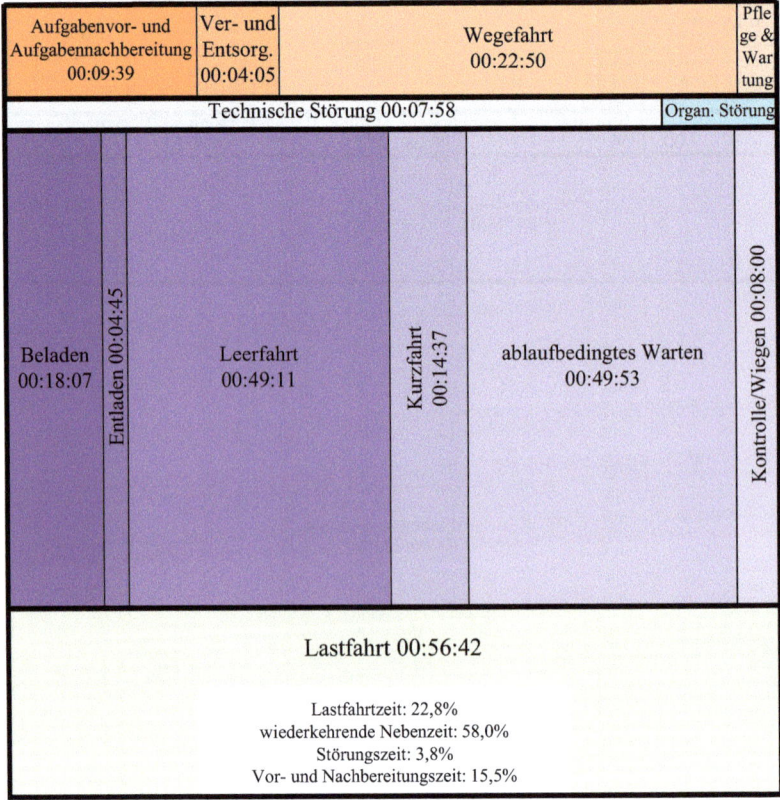

Abb. 3.5 Kacheldiagramm für die Zeitanteile bei Transportarbeiten

Darüber befindet sich ein schmales Band für die Kacheln der technischen und organisatorischen Störungen (07:58 min + 01:25min =09:23 min, 3,8 %).

Die obersten Kacheln zeigen den Aufwand für die Arbeiten der Vor- und Nachbereitung. Diese umfassen im Beispiel die Zeiten für Aufgabenvor- und Aufgabennachbereitung (09:39 min, 3,9 %), Ver- und Entsorgung (04:05 min, 1,6 %), Wegefahrten (22:50 min, 9,2 %) sowie Pflege und Wartung (02:00 min, 0,8 %). Das Diagramm basiert auf einer Messung von insgesamt 04:09:12 h.

3.6 Maschineneinsatzquotienten

Mit Hilfe von Maschineneinsatzquotienten (MEQ) werden Teilzeiten zueinander ins Verhältnis gesetzt. Sie ermöglichen den Vergleich des Einsatzverhaltens von Maschinen unabhängig vom Einsatzumfang. Aus den Indizes sind die berücksichtigten Teilzeiten ersichtlich. Beispielhaft sind zu nennen:

3.6 Maschineneinsatzquotienten

Tab. 3.1 Wertebereiche der Maschineneinsatzkoeffizienten $MEQ_{A/AD}$ und $MEQ_{A/AC}$ für verschiedene Arbeitsaufgaben

Arbeitsaufgabe	Einsatzbedingungen	$MEQ_{A/AD}$	$MEQ_{A/AC}$
		%	%
Bodenbearbeitung	Geschwindigkeit gering	70–80	70–90
	Geschwindigkeit mittel		70–85
Aussaat		60–70	
Pflanzenschutz		40–75	45–90
Düngung		35–65	35–80
Ernte	ohne Transport		75–90
	Ertrag gering		60–85
	Ertrag hoch		50–80

- $MEQ_{A/AC}$ für den Anteil der Aufgabenverrichtung an der Feldarbeitszeit
- $MEQ_{A/AD}$ für den Anteil der Aufgabenverrichtung an der Gesamtarbeitszeit
- $MEQ_{B3/AB}$ für den Anteil der Wendezeit an der verfahrensspezifischen Arbeitszeit
- $MEQ_{B3/B6}$ für den Vergleich von Wendezeit mit ablaufbedingter Wartezeit

In Tab. 3.1 werden die Maschineneinsatzkoeffizienten $MEQ_{A/AD}$ und $MEQ_{A/AC}$ anhand eigener Messungen aufgeführt.

Die Maschineneinsatzkoeffizienten $MEQ_{A/AD}$ und $MEQ_{A/AC}$ variieren in Abhängigkeit von einer Vielzahl von Faktoren:

- Feldeigenschaften
  - Schlaggröße und Schlaglänge,
  - Feldform (Umfang/Flächenverhältnis, Konvexität, …),
  - Hangneigung.
- zu transportierende Mengen
  - Erntemenge, Ausbringmenge,
  - Gutdichte bzw. Transportdichte des Erntegutes.
- Maschinendaten
  - Geschwindigkeit,
  - Arbeitsbreite,
  - Manövrierfähigkeit,
  - Bunkervolumen.
- Verfahren
  - direkt/gebrochener Transport,
  - Arbeitsweise.
- Bediener
  - Erfahrung,
  - Motivation,
  - Sorgfalt.

3.7 Auswertung einer Zeitstudie

In Landwirtschaftsbetrieben dienen Zeitstudien der Analyse von Verfahren und Abläufen. Es lassen sich u. a. folgende Fragestellungen bearbeiten:

- Welche Flächenleistung innerhalb der Aufgabenverrichtungszeit bzw. welchen Durchsatz erreicht eine Maschine in Abhängigkeit von den Einsatzbedingungen?
- Wie ändert sich die verfahrensspezifische Leistung der Erntemaschine in Abhängigkeit von der Feldlänge? Welcher Bedarf an Transporttechnik ergibt sich daraus?
- Welche Wendezeiten, ablaufbedingten Wartezeiten und Störungszeiten fallen an?
- Welchen Einfluss haben geometrische Eigenschaften des Feldes auf die Feldarbeitsleistung?
- Welche Flächenleistung oder Mengenleistung erreicht eine Maschine in der Gesamtarbeitszeit (Tagesleistung)?
- Wie ist die Gesamtarbeitszeit bei der Abrechnung auf mehrere Felder aufzuteilen?

Am Beispiel eines Lohnunternehmens sollen die Teilzeiten und die Zeitsummen des Zeitgliederungsschemas veranschaulicht werden. Die Teilzeiten wurden mit Hilfe einer Zeitstudie auf vier Feldern verschiedener Kunden an einem Tag bei der Bodenbearbeitung erfasst (Tab. 3.2). Ab 07:00 Uhr wurden auf dem Betriebsgelände der Traktor und das Arbeitsgerät vorbereitet. Anschließend begann die Arbeit auf den Feldern. Die Aufgabenverrichtungszeiten (Grubbern), die Wendezeiten und die Feldrüstzeiten sind Zwecks der Übersichtlichkeit als jeweils eine Zeit für jedes Feld in Summe aufgeführt. Um 15:13 Uhr kehrte der Traktor auf den Hof zurück. Nach der Reinigung und Abstellung wurden um 15:35 Uhr die Arbeiten beendet. Die letzte Spalte zeigt die Einordnung der Teilzeiten in das Zeitgliederungsschema.

In Tab. 3.3 sind die Aufgabenverrichtungszeit T_A und die Zeitsummen für die verfahrensspezifische Arbeitszeit T_{AB}, die Feldarbeitszeit T_{AC} und die Gesamtarbeitszeit T_{AD} für den Tag, an dem insgesamt 4 Felder bearbeitet wurden, aufgeführt. Die Gerätekombination benötigt für die 31,3 ha grubbern 271 min Aufgabenverrichtungszeit T_A, das entspricht 56 % an der Gesamtarbeitszeit. Der Anteil der Feldarbeitszeit T_{AC} beträgt 82 %. Insgesamt werden 487 min bzw. 8,1 h für alle Arbeiten benötigt.

In Tab. 3.4 sind die Feldgrößen und die Flächenleistungen einzeln aufgeführt. Die Feldgröße variiert zwischen 3,4 ha und 10,1 ha. In der Tendenz nahmen auf den erfassten Feldern die Arbeitsgeschwindigkeit, die Flächenleistung bezogen auf die Aufgabenverrichtungszeit (T_A) und auf die Gesamtarbeitszeit (T_{AD}) mit der Feldlänge zu. Die geringere durchschnittliche Arbeitsgeschwindigkeit auf dem Feld 3 weist auf erschwerte Arbeitsbedingungen hin.

Für die Auswertung und den Vergleich der Felder untereinander können die Aufgabenverrichtungszeiten, die wiederkehrenden Nebenzeiten und die Störungszeiten den Feldern direkt zugeordnet werden.

3.7 Auswertung einer Zeitstudie

Tab. 3.2 Gemessene Arbeitszeiten eines Traktors mit Grubber auf 4 Feldern und deren Eingliederung in das neue Zeitgliederungsschema

Tätigkeit	Beginn hh:mm:ss	Ort	Dauer min	Zuordnung
Pflege und Wartung	07:00:00	Hof	4	T_{D4}
Betanken	07:04:00	Hof	5	T_{D2}
Anbau des Arbeitsgerätes	07:09:00	Hof	5	T_{D1}
Fahrt zum Feld 1	07:14:00	Straße	19	T_{D3}
Ankunft Feld 1, Fläche 3,7 ha	07:33:00	Feld1		
Aufgabenverrichtung		Feld1	29	T_A
Wenden		Feld1	16	T_{B3}
Rüsten auf dem Feld		Feld1	3	T_{B4}
Verstopfung beseitigen		Feld1	3	T_{C2}
Fahrt zum Feld 2	08:24:00	Straße	2	T_{D3}
Ankunft Feld2, Fläche 7,9 ha	08:26:00	Feld2		
Aufgabenverrichtung		Feld2	65	T_A
Wenden		Feld2	22	T_{B3}
Rüsten auf dem Feld		Feld2	2	T_{B4}
Fahrt zum Feld 3	09:55:00	Straße	6	T_{D3}
Ankunft Feld3, Fläche 9,9 ha	10:01:00	Feld3		
Pause	10:01:00		28	
Aufgabenverrichtung	10:29:00	Feld3	98	T_A
Wenden		Feld3	26	T_{B3}
Rüsten auf dem Feld		Feld3	7	T_{B4}
Reparatur		Feld3	25	T_{C1}
Verstopfung beseitigen		Feld3	7	T_{C2}
Fahrt zum Feld 4	13:12:00	Straße	4	T_{D3}
Ankunft Feld4, Fläche 10,1 ha	13:16:00	Feld4		
Aufgabenverrichtung		Feld4	79	T_A
Wenden		Feld4	14	T_{B3}
Rüsten auf dem Feld		Feld4	3	T_{B4}
Rückfahrt zum Hof	14:52:00	Straße	21	T_{D3}
Ankunft Hof	15:13:00	Hof		
Reinigen	15:13:00	Hof	18	T_{D4}
Abstellen	15:31:00	Hof	4	T_{D1}
Arbeitsende	15:35:00	Hof		
Gesamtzeit			**515**	
Gesamtzeit ohne Pause			**487**	

Tab. 3.3 Aufgabenverrichtungszeit und Zeitsummen laut Zeitgliederungsschema und deren Anteile beim Grubbern an einem Arbeitstag

		T_A	T_{AB}	T_{AC}	T_{AD}
Dauer	min	271	364	399	487
	h	4,5	6,1	6,7	8,1
Anteil an der Gesamtarbeitszeit T_{AD}	%	56	75	82	100

T_A *Aufgabenverrichtungszeit*, T_{AB} *verfahrensspezifische Arbeitszeit*, T_{AC} *Feldarbeitszeit*, T_{AD} *Gesamtarbeitszeit*

Tab. 3.4 Feldgrößen und Flächenleistungen beim Grubbern auf 4 Feldern (Zeitstudie aus Tab. 3.2)

Bezeichnung	Feldgröße	mittlere Feldlänge	Arbeitsgeschwindigkeit	Flächenleistung innerhalb T_A	Flächenleistung innerhalb T_{AC}	Flächenleistung innerhalb T_{AD}
	ha	m	km/h	ha/h	ha/h	ha/h
Feld 1	3,4	178	10,8	7,0	4,0	2,8
Feld 2	7,9	263	11,0	7,3	5,3	4,3
Feld 3	9,9	396	9,1	6,1	3,6	3,2
Feld 4	10,1	404	12,3	7,7	6,3	5,1

Tab. 3.5 Gemessene und in Abhängigkeit von der Entfernung in Luftlinie berechnete Wegezeit bei der Bearbeitung von vier Feldern

Bezeichnung i	Fahrtweg	Entfernung Fahrt	Entfernung Luftlinie S_{Li}	gemessene Wegezeit	berechnete Wegezeit $TD_3 i$
		km		min	min
Feld1	Hof – Feld1	6,0	5,0	19	13
Feld2	Feld1 – Feld2	0,5	4,9	2	13
Feld3	Feld2 – Feld3	1,2	4,6	6	12
Feld4	Feld3 – Feld4	0,7	5,3	4	14
	Feld4 – Hof	8,8		21	
Summe		17,2	19,8	52	52

Die Teilzeiten für die Vor- und Nachbereitungsarbeiten T_D (s. Abschn. 3.2.4, Aufgabenvor- und Aufgabennachbereitungszeit, Versorgungszeit, Wegezeit, Zeit für Pflege und Wartung) von insgesamt 88 min sollten jedoch nicht abhängig von der Bearbeitungsreihenfolge den einzelnen Feldern zugeordnet werden, da die Bearbeitungsreihenfolge u. a. von den Arbeitsbedingungen, der betrieblichen Organisation, der Koordination mit den Auftraggebern, einer optimalen Fahrtstrecke abhängt.

Eine *gleichmäßige Aufteilung der Vor- und Nachbereitungszeiten* auf die einzelnen Felder stellt eine mögliche Zuordnung dar (Tab. 3.6, Spalte T_D).

Alternativ zur gleichmäßigen Aufteilung kann eine *flächenproportionale Aufteilung* der Vor- und Nachbereitungszeiten auf die Felder gewählt werden, wenn diese Teilzeiten, wie z. B. bei den Ver- und Entsorgungszeiten, mit der Feldgröße steigen.

Für die *Zuordnung der Wegezeiten* zu den einzelnen Feldern kann auch *die Feldentfernung in Luftlinie* genutzt werden. Die Wegezeit ist ursächlich abhängig von der Entfernung des Feldes vom Hof. Die real zurückgelegte Wegstrecke ist dagegen von der Reihenfolge der Bearbeitung der Felder abhängig. Zur Aufteilung der am Tag benötigten gesamten Wegezeit von 52 min auf die einzelnen Arbeitsorte kann Gl. 3.1 genutzt werden. Die anteiligen Wegezeiten für unser Beispiel zeigt Tab. 3.5.

Die größten Unterschiede zwischen der gemessenen Wegezeit und der berechneten Wegezeit ergeben sich auf den Feldern 2 und 4. Mit den berechneten Wegezeiten wird

3.7 Auswertung einer Zeitstudie

Tab. 3.6 Aufgabenverrichtungszeit T_A, Störungszeit T_C, Vor- und Nachbereitungszeiten T_D und Zeitsummen sowie ausgewählte Maschineneinsatzkoeffizienten (MEQ) beim Grubbern (Zeitstudie aus Tab. 3.2)

Arbeitsort	Feldgröße	T_A	T_{AB}	T_C	T_{AC}	T_D	T_{AD}	$MEQ_{A/AB}$	$MEQ_{A/AD}$	$MEQ_{AC/AD}$
	ha	min	min	min	min	min	min	%	%	%
Feld 1	3,4	29	48	3	51	22	73	60,4	39,7	69,9
Feld 2	7,9	65	89	0	89	22	111	73,0	58,6	80,2
Feld 3	9,9	98	131	32	163	22	185	74,8	53,0	88,1
Feld 4	10,1	79	96	0	96	22	118	82,3	66,9	81,4
		271	364	35	399	88	487			

T_A *Aufgabenverrichtungszeit*, T_{AB} *verfahrensspezifische Arbeitszeit*, T_C *Störungszeit*, T_{AC} *Feldarbeitszeit*, T_D *Vor- und Nachbereitungszeiten von insgesamt 88 min werden gleichmäßig den Feldern zugewiesen*, T_{AD} *Gesamtarbeitszeit*, $MEQ_{A/AB}$, $MEQ_{A/AD}$, $MEQ_{AC/AD}$ *Maschineneinsatzkoeffizienten (Aufgabenverrichtung zu verfahrensspezifischer Arbeitszeit, Aufgabenverrichtung zu Gesamtarbeitszeit, Feldarbeitszeit zu Gesamtarbeitszeit)*

vermieden, dass dem Feld 4 als zuletzt bearbeitetem Feld eine ungerechtfertigt hohe Wegezeit zugewiesen wird.

$$T_{D3i} = \frac{S_{Li} * T_{D3}}{\sum S_{Li}} \qquad (3.1)$$

S_{Li} *Entfernung zwischen Hof und Arbeitsort, Luftlinie*, $T_{D3\,i}$ *Wegezeit für Arbeitsort i*, T_{D3} *Wegezeit gesamt*

Ergebnis der Zeitstudie

In Tab. 3.6 sind die Aufgabenverrichtungszeit T_A und die Zeitsummen für die verfahrensspezifische Arbeitszeit T_{AB}, die Feldarbeitszeit T_{AC} und die Gesamtarbeitszeit T_{AD} sowie ausgewählte Maschineneinsatzkoeffizienten für jedes Feld dargestellt.

Es ist ersichtlich, dass der Anteil der Aufgabenverrichtungszeit an der verfahrensspezifischen Arbeitszeit mit der Feldgröße von 60,4 % auf 82,3 % steigt ($MEQ_{A/AB}$). Abhängig von der Feldgröße und dem Auftreten von Störungszeiten schwankt der Anteil der Aufgabenverrichtungszeit an der Gesamtarbeitszeit zwischen 39,7 % und 66,9 % ($MEQ_{A/AD}$). Der Maschineneinsatzkoeffizient $MEQ_{AC/AD}$, der den Anteil der Feldarbeitszeit (T_{AC}) an der Gesamtarbeitszeit (T_{AD}) repräsentiert, variiert zwischen 69,9 % … 88,1 %.

Die Ergebnisse vom Feld 3 weichen bezogen auf die Aufgabenverrichtungszeit, die verfahrensspezifische Arbeitszeit und die Feldarbeitszeit durch erschwerte Arbeitsbedingungen von den anderen Feldern ab (Abb. 3.6).

Innerhalb der Aufgabenverrichtungszeit erreicht der Grubber abhängig von der Feldlänge unter normalen Einsatzbedingungen eine Flächenleistung von 7,0 bis 7,7 ha/h. Mit größerer Feldlänge stieg die Arbeitsgeschwindigkeit an.

Am Einsatztag traten insgesamt 35 min Störungszeit auf.

Abb. 3.6 Auswertung der GPS-Aufzeichnung auf Feld 3, Fahrtwege innerhalb der Störungszeiten schwarz hervorgehoben

Die Leistung in der Feldarbeitszeit stieg mit der Feldgröße deutlich von 4,0 ha/h auf 6,3 ha/h an.

Bei Berücksichtigung der Gesamtarbeitszeit von 487 min erreicht der Grubber eine Flächenleistung von 3,9 ha/h. Dies stellt eine Grundlage für eine Kapazitätsplanung dar.

Die Gesamtarbeitszeit von 487 min wird mit 73 min, 111 min, 185 min und 118 min auf die Felder 1 bis 4 aufgeteilt (Tab. 3.6, Spalte T_{AD}). Der hohe Zeitanteil von 185 min für das Feld 3 ist den Einsatzbedingungen geschuldet (Abb. 3.6), er resultiert aus einer geringeren Arbeitsgeschwindigkeit, mehreren Unterbrechungen der Bearbeitung und einer Reparaturzeit von 25 min.

Literatur

BISMARCK, L. von, BUCHHOLZ, H. (1931): Methodik und Technik der Arbeitsbeobachtungen in der Landwirtschaft. Berlin: Paul Parey

FECHNER, Winfried (2014): Anforderungen an ein Zeitgliederungsschema in der Landwirtschaft. In: 19. Arbeitswissenschaftliches Kolloquium des VDI-MEG Arbeitskreises Arbeitswissenschaften im Landbau (S. 5). Potsdam-Bornim

Literatur

FRISCH, Jürgen, FUNK, Mathias, HAIDN, Bernhard, REITH, Stefanie (2022): KTBL-Arbeitszeitgliederung. Kuratorium für Technik und Bauwesen in der Landwirtschaft e.V.

JENSEN, Martin, FALK, Andreas, BOCHTIS, Dionysis (2013): Automatic recognition of operation modes of combines and transport units based on GNSS trajectories. IFAC Proceedings Volumes, 46 (18): S. 213–218

RÖHNER, Johannes (1956): Zur Methodik der Zeitstudie in der Landwirtschaft. Methoden und Verfahren der Landarbeitswissenschaft. Landarbeit und Landtechnik, (21): S. 29–76

SEEDORF, Wilhelm (1919): Die Vervollkommnung der Landarbeit und die bessere Ausbildung der Landarbeiter unter besonderer Berücksichtigung des Taylor-Systems. Deutsche Landbuchhandlung

WINKLER, Brigitte, FRISCH, Jürgen (2014): Weiterentwicklung der Zeitgliederung für landwirtschaftliche Arbeiten. In: 19. Arbeitswissenschaftliches Kolloquium des VDI-MEG Arbeitskreises Arbeitswissenschaften im Landbau (S. 14). Potsdam-Bornim

Kapazitätsberechnung 4

Zur termingerechten Erfüllung der Aufgaben im Landwirtschaftsbetrieb ist es erforderlich, die notwendigen Kapazitäten an Arbeitskräften und Betriebsmitteln zu berechnen.

Unter Kapazität versteht man eine Fähigkeit oder ein Fassungsvermögen. Innerhalb von Produktionsprozessen ist darunter „das Leistungsangebot von Menschen und/oder Leistungsvermögen von Betriebsmitteln für einen definierten Bereich innerhalb einer bestimmten Zeitspanne bzw. eines Zeitabschnittes" zu verstehen („VDI-Richtlinie 2815" 1978).

4.1 Kapazitätsbedarf

Alle Arbeitskräfte und Arbeitsmittel, die während der gesamten Arbeitszeit einer Periode für die Durchführung der vorgesehenen Arbeitsaufgabe zur Verfügung stehen, bilden den **Kapazitätsbestand** (Methodenlehre der Betriebsorganisation; REFA 1991). Der Kapazitätsbestand sollte dem Kapazitätsbedarf entsprechen.

Der **Kapazitätsbedarf** K_B ergibt sich aus dem Quotienten von Arbeitsumfang zu verfügbarer Gesamtarbeitszeit.

$$K_B = \frac{Arbeitsumfang}{verfügbare\ Gesamtarbeitszeit} \qquad (4.1)$$

$$K_B = \frac{350\ ha}{7\ d} = 50\ ha/d$$

Ausgehend von der Kapazität K_{AE} der angewendeten Arbeitseinheiten ergibt sich ihre notwendige Anzahl.

$$n_{AE} = \frac{K_B}{K_{AE}} \qquad (4.2)$$

Der Kapazitätsbedarf kann sich auf den Produktionsprozess, einen Prozessabschnitt oder einen Einzelprozess beziehen (s. Abschn. 1.3).

Die Kapazität hat sowohl einen qualitativen als auch einen quantitativen Aspekt. Die qualitative Kapazität bringt die Qualifikation der Beschäftigten zum Ausdruck, die quantitative Kapazität drückt die Anzahl an Arbeitskräften und Arbeitsmittel aus.

Der Pflanzenbau hat saisonalen Charakter. Einen erheblichen Einfluss auf den Kapazitätsbedarf hat dementsprechend die verfügbare Arbeitszeit, die zudem dem Witterungseinfluss unterliegt. Aber auch die Terminansprüche der Kulturpflanzen selbst, das Anbauverhältnis im Betrieb oder die Qualitätsanforderungen an das Produkt bestimmen die möglichen Einsatzstunden.

Kann der Bedarf nicht mit eigenen betrieblichen Mitteln gedeckt werden, sind z. B. kooperative Maßnahmen wie die Einbindung von Lohnunternehmen zu prüfen.

Der Arbeitsumfang ist im Allgemeinen gut zu quantifizieren und wird als Fläche, Stückzahl oder Menge angegeben. Der Planungshorizont kann sich auf eine Wochen-, Tages- oder Stundenleistung beziehen.

Sind beispielsweise 360 ha Wintergerste innerhalb von 74 Druschstunden (Raum Halle – Leipzig, Kornfeuchte kleiner 14 %) zu dreschen, berechnet sich die notwendige Mähdruschkapazität zu

$$K_B = \frac{360\ ha}{74\ h} = 4,9\ ha/h \qquad (4.3)$$

Das KTBL stellt Daten zu verfügbaren Arbeitszeiten in Abhängigkeit von der Art der Feldarbeit, dem Einsatztermin und den lokalen Klimaverhältnissen zur Verfügung. Speziell für den Mähdrusch werden abhängig von den zu erwartenden Kornfeuchten die verfügbaren Druschstunden angegeben. Diese Zeitangaben bilden für den Landwirtschaftsbetrieb einen Anhaltspunkt, der durch die Erfahrungswerte im lokalen Umfeld ergänzt werden kann.

4.2 Terminkosten

Überkapazitäten an Arbeitskräften, Geräten und Maschinen führen zu erhöhten Kosten. Zu geringe Kapazitäten können ebenso zu höheren Kosten führen. Die sogenannten Terminkosten entstehen durch Mehraufwand oder den Kosten gleichzusetzende Mindereinnahmen bei Ertrags- und Qualitätseinbußen. Terminkosten resultieren aus einer zeitlich suboptimalen Arbeitserledigung (Hanf 1985).

Untersuchungen zu Terminkosten im Mähdrusch haben gezeigt, dass bei witterungsbedingter Verringerung der „normalen" verfügbaren Erntezeit auf ca. 50 % durch

4.2 Terminkosten

Trocknungsaufwand, Ertragsverlust, Qualitätseinbußen und Vertragsstrafen Kosten von 200 €/ha entstehen können (Sattler 2013).

Bei der Planung des Kapazitätsbedarfes sind extreme Erntejahre ungeeignet. Kapazitätsdefiziten in schwierigen Erntejahren kann, wie bereits erwähnt, durch Einsatz von Lohnunternehmen oder die Anwendung von alternativen Verfahren, wie z. B. die Anwendung des Hochschnitts in der Mähdruschernte, begegnet werden.

Die Berechnung eines *optimalen Kapazitätsbestandes* erfordert einen hohen Aufwand für die Datenerhebung und -verarbeitung. Neben den verfahrenstechnischen Aspekten sind auch betriebswirtschaftliche Kennzahlen zu berücksichtigen. Deshalb sollte beim Kauf neuer Mähdrescher auf der Basis durchschnittlicher betrieblicher Bedingungen geprüft werden, ob die aktuelle Mähdruschkapazität gut gewählt ist oder erhöht oder verringert werden muss.

Der Kapazitätsbestand kann erhöht werden, wenn die damit verbundenen Kostensteigerungen (höhere Abschreibungen) durch bessere Produktqualitäten, reduzierte Einsatzzeit, weniger Ertragsverluste, geringere Trocknungskosten usw. bei Einhaltung optimaler Termine kompensiert werden können.

Beispiel:
Im Beispielsbetrieb erntet der Mähdrescher jährlich 700 ha Mähdruschfrüchte. Der höchste Kapazitätsbedarf ergibt sich bei der Ernte von 350 ha Winterweizen. Aktuell fallen im Durchschnitt Trocknungskosten pro Jahr in Höhe von 1800,00 € für 150 t Weizen an. Zusätzlich werden 15 % der Erntemenge nicht termingerecht geerntet und als Futtergetreide zu einem niedrigeren Preis verkauft.

Vor dem Erwerb eines Mähdreschers ist zu prüfen, ob ein leistungsfähigerer Mähdrescher erworben werden sollte. Gegenüber der aktuell im Betrieb eingesetzten Leistungsklasse ergibt sich beim Kauf eines um 10 % leistungsstärkeren Mähdreschers ein Mehrpreis von 50 000,00 €.

Bei einer geplanten Nutzungsdauer von 10 Jahren müssten dem finanziellen Mehraufwand (zusätzliche Abschreibungen in Höhe von ca. 5000,00 €) gleichwertige Einsparungen pro Jahr entgegengesetzt werden. Die kalkulierten Einsparungen sind in Tab. 4.1

Tab. 4.1 Kalkulierte Einsparpotenziale bei Einsatz eines um 10 % leistungsstärkeren Mähdreschers und einer Erntemenge von 2800 t Winterweizen

Kalkulation	Einheit	Menge	Kosten/ Preis	kalkuliertes Einsparpotenzial
Innerhalb der optimalen Erntezeit werden 10 % mehr Qualitätsweizen gedroschen und verkauft	t	280	10 €/t	2800,00 €
Die Trocknungskosten für 150 t Winterweizen entfallen	t	150	12 €/t	1800,00 €
Bei gleicher Einsatzzeit fallen ¼ weniger Ernteverluste bei weiteren 350 ha Druschfrüchten an	ha	350	3 €/ha	1050,00 €
Summe				5650,00 €

aufgeführt. Bei einer um 10 % höheren Flächenleistung ist der Mähdrescher in der Lage, innerhalb der optimalen Erntezeit 10 % mehr Weizen zu ernten.

Es werden ca. 2800 t Weizen geentet. Da innerhalb der optimalen Druschzeit mit dem leistungsfähigeren Mähdrescher 280 t Weizen (10 %) zusätzlich geerntet werden könnten, entfallen die Trocknungskosten. Für die frühzeitiger geernteten 280 t Weizen ergeben sich außerdem qualitätsbedingt (Einhaltung der Fallzahl) um 10,00 €/t höhere Einnahmen, insgesamt 2800,00 € pro Jahr.

Die höhere Leistungsfähigkeit des Mähdreschers lässt auch, unveränderte Einsatzzeit vorausgesetzt, geringere Ernteverluste bei den weiteren 350 ha Mähdruschfrüchten im Betrieb erwarten. Bei geschätzten 3,00 €/ha weniger Verlusten können zusätzliche Einnahmen von 1050,00 € erwartet werden.

Literatur

HANF, C.-H. (1985): Wartekosten, ein entscheidungsrelevanter Faktor bei Maschineninvestitionen. German Journal of Agricultural Economics/Agrarwirtschaft, 34 (5): S. 137–146

Methodenlehre der Betriebsorganisation; [9]; Teil 2: Planung und Steuerung/REFA, Verband für Arbeitsstudien und Betriebsorganisation (1991).

SATTLER, Lukas (2013): Analyse der Terminkosten beim Mähdrusch in zwei landwirtschaftlichen Betrieben und Maßnahmen für deren Reduzierung. Martin-Luther-Universität Halle-Wittenberg, Halle (Saale), 54 S.

VDI-Richtlinie 2815: Begriffe für die Produktionsplanung und -steuerung, Blatt 6: Kapazität (1978). Berlin: Beuth

Verfahrensanalyse 5

Im Landwirtschaftsbetrieb sind die aktuellen Verfahren regelmäßig auf Wettbewerbsfähigkeit zu überprüfen. Dazu sind die im Betrieb angewendeten Verfahren mit Alternativen (z.B. Neuentwicklungen) zu vergleichen. Im Folgenden werden ausgewählte Berechnungsbeispiele zur Verfahrensanalyse aufgeführt. Weitere Beispiele zur Verfahrensanalyse sind in „Kap. 6" zu finden.

5.1 Arbeitszeitaufwand

Der Arbeitszeitaufwand ist die tatsächlich von Arbeitskräften und Betriebsmitteln für die Ausführung einer Arbeitsaufgabe benötigte Zeit.

Sind die bearbeitete Fläche oder die geernteten Mengen bekannt, kann der spezifische Arbeitszeitaufwand berechnet werden.

Beispiele:

Berechnung des spezifischen Arbeitszeitaufwands AA beim Pflügen. Für 8 ha wurden 10 h Gesamtarbeitszeit benötigt.

$$AA = \frac{T_{AD} * n_{AK}}{A} = \frac{10\,h * 1}{8\,ha} = 1{,}25\,\frac{h}{ha} \tag{5.1}$$

T_{AD} *Gesamtarbeitszeit*, n_{AK} *Anzahl Arbeitskräfte*, A *bearbeitete Fläche*

Berechnung des massebezogenen, spezifischen Arbeitszeitaufwands AA beim Mähdrusch. In der Mähdruschernte wurden auf einem Schlag von 34 ha 2 Mähdrescher, ein Überladewagen und 3 Transportfahrzeuge von 11:00 Uhr bis 16:30 Uhr eingesetzt. Der Ertrag betrug 8 t/ha.

$$AA = \frac{T_{AD} * n_{AK}}{A * E} = \frac{5,5\,h * 6\,Ak}{34\,ha * 8\frac{t}{ha}} = 0,12\frac{Akh}{t} \qquad (5.2)$$

T_{AD} *Gesamtarbeitszeit*, n_{AK} *Anzahl Arbeitskräfte*, A *bearbeitete Fläche*, E *Ertrag*

5.2 Verfahrenskosten

5.2.1 Kalkulation der Verfahrenskosten

Die Verfahrenskosten bilden Verfahren monetär ab. Sie sind ein wichtiges Kriterium bei der Verfahrensauswahl. Zu den Verfahrenskosten gehören Lohnkosten, feste und variable Maschinenkosten sowie Kosten für Hilfsstoffe (Tab. 5.1).

Die Basisdaten zur Berechnung der festen Maschinenkosten sind in Tab. 5.2 dargestellt.

Die Berechnung der festen und variablen Maschinenkosten erfolgt entsprechend den Tabellen Tab. 5.3 und 5.4.

Die Hilfsstoffe unterscheiden sich von den Betriebsstoffen dadurch, dass sie im Zusammenhang mit dem Produkt stehen. Ein Beispiel dafür sind die Bindegarnkosten beim Strohpressen. Sie gehören *nicht* zu den Maschinenkosten.

Tab. 5.1 Verfahrenskosten

Verfahrenskosten	
Maschinenkosten	Feste und variable Maschinenkosten
Lohnkosten	20,00 bis 25,00 €/h inkl. Nebenkosten[1)]
Kosten für Hilfsstoffe	Kosten je Einheit (Menge lt. Bedienanleitung)

[1)] *Stand 2020*

Tab. 5.2 Basisdaten zur Berechnung der festen Maschinenkosten

Anschaffungskosten	A	[€]	Kaufpreis, Frachtkosten, …
geplante Nutzungsdauer	N	[Jahre]	Vorgabe, Erfahrung
Restwert	R	[€]	Marktanalyse, Schätzung
Zinssatz	i	[%]	Kreditkosten

Tab. 5.3 Feste Maschinenkosten

Feste Maschinenkosten	
Abschreibung	(A − R)/N
Verzinsung	(A + R)/2 * i
Unterbringung	1 % von A oder 20,00 €/m² [1)]
Versicherung, Abgaben	0,5 % von A

[1)] *Stand 2020*

5.2 Verfahrenskosten

Tab. 5.4 Variable Maschinenkosten

Variable Maschinenkosten	
Reparaturen	2 … 10 % von A
Energie, Kraftstoff	Messungen, Erfahrungswerte
Wartung, Schmierstoffe	Umfang lt. Bedienanleitung
sonstige Betriebsstoffe	Messungen, Erfahrungswerte

Bis zum Nutzungsende sind die ermittelten Maschinenkosten Planwerte. Eine Berechnung der tatsächlichen Kosten ist erst möglich, wenn die Daten, wie Nutzungsdauer, Restwert, Energieverbrauch usw. aller beteiligten Maschinen bekannt sind. Während der Nutzungszeit können die veranschlagten Maschinenkosten unter Annahme der bis zu diesem Zeitpunkt bekannten Daten kalkuliert werden.

Das Kuratorium für Technik und Bauwesen in der Landwirtschaft (KTBL) veröffentlicht Kosten für eine Vielzahl von Maschinen der Außenwirtschaft. Die betriebsspezifischen Bedingungen sollen dabei eine möglichst große Berücksichtigung finden. Durch eigene Berechnungen können die Angaben des KTBL zu den Maschinenkosten untermauert werden. Die Pflege der Maschinen und der Umgang mit ihnen, die lokalen Gegebenheiten wie Händlerumfeld, Bodenart und klimatische Lage haben ebenfalls einen Einfluss auf die Maschinenkosten.

Für den Verfahrensvergleich sind die Maschinenkosten des KTBL gut geeignet, jedoch können die vom KTBL ermittelten Maschinenkosten auf Grund der konkreten betrieblichen Bedingungen von den Kosten im Betrieb abweichen.

Die Abschreibung repräsentiert bei der Berechnung der Verfahrenskosten den Verlust am Leistungsvorrat einer Maschine. Diese kann von der steuerlichen Abschreibung abweichen und berechnet sich aus der Differenz von Anschaffungskosten zu Restwert dividiert durch die Nutzungsdauer in Jahren.

Die Nutzungsdauer der Maschinen wird u. a. von der Herstellungsqualität, den Einsatzbedingungen und der Nutzungsintensität beeinflusst. Eine intensive, überdurchschnittliche Inanspruchnahme kann die Nutzungsdauer verkürzen. Mit zunehmender Nutzungsdauer steigen die Kosten sowohl für die Instandsetzung als auch durch die entgangene Einsatzzeit.

Am Ende der Nutzung repräsentiert der Restwert der Maschine ihren verbliebenen Leistungsvorrat zzgl. ihrem Materialwert.

Bei geringerer Nutzungsintensität kann durch eine Verlängerung der Nutzungsdauer einem höheren Festkostenanteil entgegengewirkt werden. Bei längerer Nutzung der Maschine ist zu prüfen, ob die jährlichen Reparaturkosten oder erhöhte Terminkosten wiederholt die Abschreibung übersteigen. Ein Verschleiß infolge technischer Überalterung ist gegeben, wenn neue Maschinen

a. eine höhere Arbeitsproduktivität besitzen,
b. deutliche Qualitätsvorteile ermöglichen,
c. weniger Ressourcen benötigen oder
d. bessere Arbeitsbedingungen bieten.

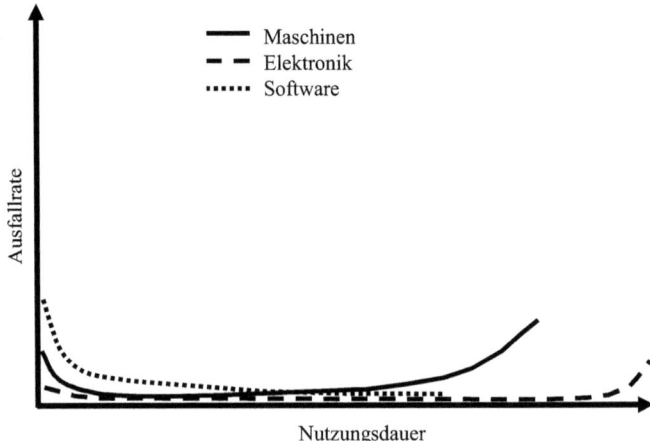

Abb. 5.1 Vergleich der Ausfallraten von Maschinen, Elektronik und Software

Die Reparaturkosten bzw. die Funktionssicherheit der Maschinen sind wichtige Kriterien für die Nutzungsdauer. In Abb. 5.1 werden die Ausfallraten unterschiedlicher Systeme in Abhängigkeit von der Nutzungsdauer verglichen.

Zu Beginn der Nutzung einer Maschine kann es höhere Ausfallraten infolge von Bedienfehlern oder Fertigungsfehlern geben. Nach einer Periode mit geringer Reparaturanfälligkeit steigen die Ausfallraten durch zunehmenden Verschleiß kontinuierlich an. Bei elektronischen Bauteilen und Software ergeben sich abweichende Ausfallraten.

Die bisherigen Ausführungen gelten unter der Voraussetzung, dass die Maschinen nur in einem Verfahren eingesetzt werden. Ein Großteil der Maschinen, vornehmlich Traktoren, wird dagegen als Universalmaschine in einer Vielzahl von Verfahren eingesetzt. Bei der Ermittlung der Verfahrenskosten sind dann die Festkosten nur anteilig zu berücksichtigen. Als Maßstab können zeit- oder nutzungsabhängige Größen genutzt werden. Das sind z. B. die Einsatztage, die Einsatzstunden, die Motorstunden, der Kraftstoffverbrauch sowie die bearbeiteten Flächen, Massen oder Volumina.

5.2.2 Jährliche und spezifische Verfahrenskosten beim Mähdrusch

Spezifische Verfahrenskosten ergeben sich, wenn die Verfahrenskosten zu den erzeugten Gebrauchswerten in Beziehung gesetzt werden. Die massebezogenen spezifischen Verfahrenskosten gewährleisten z. B. einen Verfahrensvergleich bei unterschiedlichem Ertragsniveau.

In Abb. 5.2 und 5.3 werden die jährlichen und die spezifischen Verfahrenskosten beim Einsatz eines Mähdreschers in Abhängigkeit von der Erntemenge gegenübergestellt. Es wird vorausgesetzt, dass dieser während der gesamten verfügbaren Erntezeitspanne (130 Druschstunden) im Einsatz ist und die Jahreserntemenge des Mähdreschers variiert.

5.2 Verfahrenskosten

Betrachtet man die jährlichen Verfahrenskosten (Abb. 5.2) wird deutlich, dass die festen Maschinenkosten bei steigender jährlicher Erntemenge bis zur Abschreibungsschwelle konstant bleiben. Mit dem Überschreiten des jahresbezogenen Leistungsvorrates des Mähdreschers erhöht sich der Anteil der Abschreibung. Die variablen Maschinenkosten nehmen mit der wachsenden Erntemenge zu.

Die größte Position bei den Verfahrenskosten nehmen die festen Maschinenkosten, gefolgt von den variablen Maschinenkosten, ein. Die Lohnkosten sind deutlich geringer.

Betrachtet man die massebezogenen spezifischen Kosten (Abb. 5.3), zeigt sich, dass mit zunehmender Jahreserntemenge des Mähdreschers die spezifischen festen Maschinenkosten auf immer mehr Kornmasse verteilt werden können und damit sinken. Die spezifischen variablen Maschinenkosten in Euro je Tonne sind dagegen nahezu konstant.

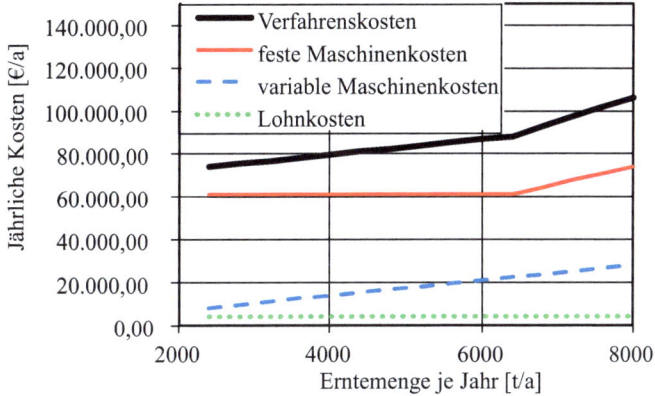

Abb. 5.2 Jährliche Verfahrenskosten und ihre Bestandteile beim Mähdrusch in Abhängigkeit von der Erntemenge

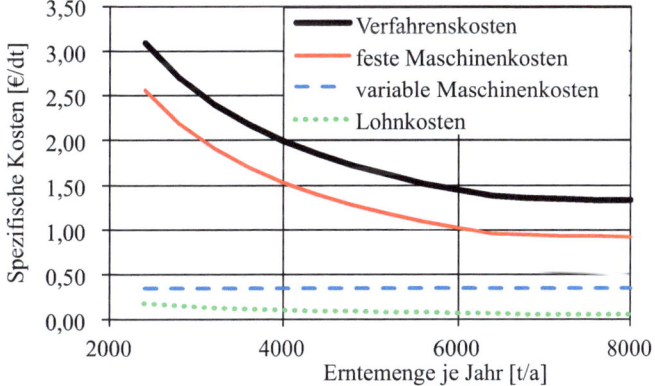

Abb. 5.3 Spezifische Verfahrenskosten und ihre Bestandteile beim Mähdrusch in Abhängigkeit von der Erntemenge

5.2.3 Anwendungsbeispiel: Kornverluste und Verfahrenskosten beim Mähdrusch

In einer Modellrechnung wird im Folgenden die Beziehung zwischen Kornverlustniveau und den Verfahrenskosten für den Mähdrusch analysiert und veranschaulicht. Berücksichtigt werden nur Erntezeitraum und Kosten der Druschfrucht mit dem höchsten Kapazitätsanspruch. Der Anteil, hier Winterweizen, an der Jahreserntemenge soll 50 % betragen.

Das Kostenmodell basiert dann auf folgenden Annahmen:

- Anschaffungspreis 400.000,00 €; Restwert 50.000,00 €; Nutzungsdauer 7 Jahre; Zinssatz 3 %; Versicherung 1 % von A; Unterbringung 1400,00 €/a;
- Die Hälfte der Festkosten wird für den Winterweizendrusch angesetzt.
- Reparaturkosten 2,50 €/t; Kraftstoffkosten 1,00 €/t
- Personalkosten des Mähdrescherfahrers: 20,00 €/h
- Der Weizenpreis soll bei 200,00 €/t liegen.
- Neben- und Störungszeiten sowie Vor- und Nachbereitungszeiten bleiben unberücksichtigt.
- Die entgangenen Einnahmen berechnen sich aus den Körnerverlusten und dem Weizenpreis.

Die Bestimmung der Körnerverluste basiert auf der in Abb. 5.4 dargestellten Durchsatz-Verlust-Kennlinie zuzüglich einer Pauschale von 0,2 % für weitere Körnerverluste (z. B. am Schneidwerk). Der Durchsatz ergibt sich jeweils aus dem Quotienten von geernteter Kornmenge zu genutzter Druschzeit.

Bei der Modellierung lassen sich zwei Situationen unterscheiden. Im ersten Fall wird davon ausgegangen, dass die jährliche, witterungsbedingt verfügbare Erntezeit voll ausgeschöpft und in dieser Zeit eine unterschiedliche Erntemenge (variable Erntefläche) ge-

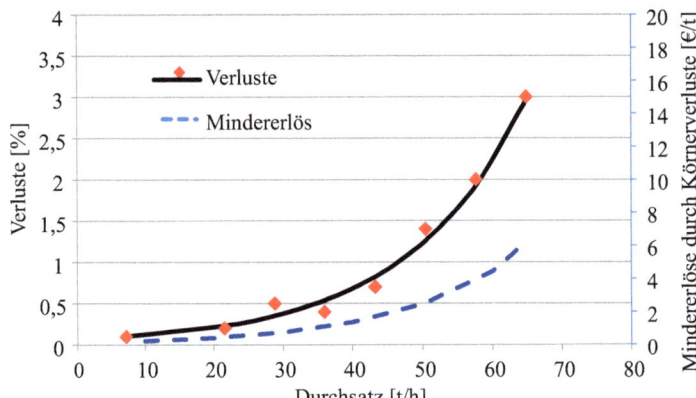

Abb. 5.4 Durchsatz-Verlust-Kennlinie eines Schüttlermähdreschers und damit verbundene Mindererlöse bezogen auf die Erntemenge

5.2 Verfahrenskosten

borgen wird. Im zweiten Fall variiert nicht die jährliche Erntemenge (feste Erntefläche), sondern nur die Druschzeit. Diese Konstellation ist überwiegend in den Landwirtschaftsbetrieben anzutreffen.

Im Folgenden wird nur auf den ersten Fall eingegangen, da sich dieser besser verallgemeinern lässt. Die Berechnungen erfolgen für drei unterschiedliche, jährlich verfügbare Druschzeiten in unterschiedlichen Reifezonen bei der Winterweizenernte mit 50, 75 beziehungsweise 100 Druschstunden.

Die Mindererlöse durch Körnerverluste werden wie zusätzliche Kosten verrechnet. Mit zunehmender Jahreserntemenge steigen diese an, während die massebezogenen spezifischen Verfahrenskosten sinken.

Werden die Kostenelemente zusammengefasst, ergeben sich die in Abb. 5.5 dargestellten spezifischen Verfahrenskosten inklusive der Mindererlöse. Für eine jährliche verfügbare Druschzeit im Winterweizen von 75 h (blaue Kurve) ist bei einer Jahreserntemenge von 3200 t ein Kostenminimum erkennbar. Bei einem Durchschnittsertrag von 8 t/ha entspricht dies einer jährlichen Erntefläche von 400 ha. Laut Durchsatzverlustkennlinie betragen die Kornverluste ca. 1,0 % (siehe Markierungen zur Höhe der Kornverluste).

Stehen im Beispiel jährlich nur 50 Einsatzstunden zur Verfügung (rote Kurve), sind deutlich höhere Verfahrenskosten zzgl. eines Mindererlöses unvermeidlich. Die Kornverluste liegen im Bereich eines Kostenminimums zwischen 1,5 bis 2,0 %.

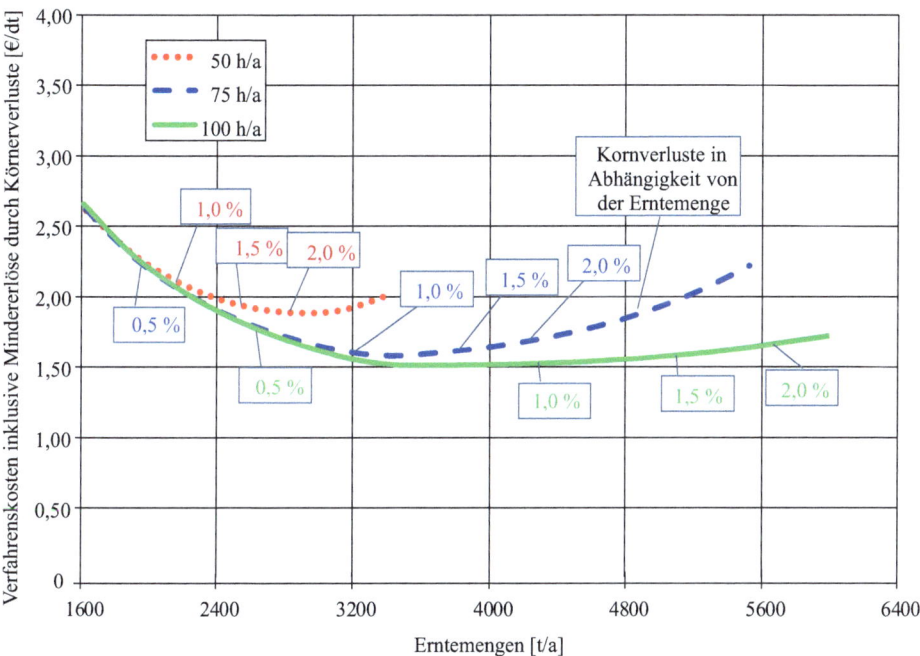

Abb. 5.5 Spezifische Verfahrenskosten inklusive der durch Kornverluste entstehenden Mindererlöse in Abhängigkeit von der Erntemenge für drei verschiedene Zeitspannen beim Drusch von Winterweizen sowie zugehörige Kornverlusthöhen

Bei einer jährlich zur Verfügung stehenden Druschzeit von 100 h für die Winterweizenernte (grüne Kurve) ergibt sich kein ausgeprägtes Minimum. In einem Bereich zwischen 3200 t bis 4800 t Jahreserntemenge bei einem Kornverlustniveau zwischen 0,7 % bis 1,3 % sind geringe Verfahrenskosten zzgl. der verlustbedingten Mindererlöse zu verzeichnen.

Schlussfolgerungen
- Steht nur eine witterungsbedingte Druschzeit von 50 h zur Verfügung, ist mit höheren Durchsätzen, verbunden mit einem höheren Kornverlustniveau, zu dreschen.
- Bei einer jährlich zur Verfügung stehenden Druschzeitspanne von 75 h sollte aus Sicht der Verfahrenskosten inklusive der verlustbedingten Mindererlöse ein Kornverlustniveau von ca. 1 % angestrebt werden.
- In Betrieben mit einer größeren verfügbaren Druschzeitspanne sind günstigere Druschkosten möglich. Das gilt insbesondere für Lohnunternehmen, die in unterschiedlichen Reifezonen im Einsatz sein können.

5.3 Einfluss des Trockensubstanzgehaltes auf die Transportmenge

Zur Berechnung der Transportmengen nach einem Trocknungsprozess sind der Anfangstrockensubstanzgehalt TS %$_a$ und der Endtrockensubstanzgehalt TS %$_e$ bzw. die Anfangsfeuchte φ_a und die Endfeuchte φ_e zu bestimmen. Damit lassen sich aus der Frischmasse m$_a$ bei der Futterernte die Trockensubstanzmasse m$_{TS}$, die Trockengutmasse m$_{Tr}$, der Wassergehalt m$_W$ und die abzuführende Wassermasse m$_{\Delta w}$ berechnen. Das Frischgut ist das Gut vor der Trocknung, das Trockengut das Gut nach dem Trocknungsprozess. Das Trockengut unterscheidet sich von der Trockensubstanz durch eine darin verbliebene Wassermenge. Der Feuchtegehalt φ ist das Verhältnis aus Wassermasse zu Frischmasse (Ziegler 2017).

Es gelten folgende Gleichungen:
Trockensubstanzmasse:

$$m_{TS} = m_a * TS\,\%_a \tag{5.3}$$

$$m_{TS} = 1000\,\text{kg} * 20\,\% = 200\,\text{kg}$$

Trockengutmasse:

$$m_{Tr} = m_a \frac{TS\,\%_a}{TS\,\%_e} \tag{5.4}$$

$$m_{Tr} = 1000\,\text{kg} * \frac{20\,\%}{80\,\%} = 250\,\text{kg}$$

5.3 Einfluss des Trockensubstanzgehaltes auf die Transportmenge

Wassergehalt:

$$m_w = m_a * \varphi \qquad (5.5)$$

vor dem Trocknungsprozess: $m_{w\,a} = 1000\,kg * 80\,\% = 800\,kg$
nach dem Trocknungsprozess: $m_{w\,e} = 250\,kg * 20\,\% = 50\,kg$
abzuführende Wassermasse:

$$m_{\Delta w} = m_a \frac{\varphi_a - \varphi_e}{100 - \varphi_e} \qquad (5.6)$$

$$m_{\Delta w} = 1000\,kg \frac{(80\,\% - 20\,\%)}{(100\,\% - 20\,\%)} = 750\,kg$$

m_a *Frischmasse*, TS $\%_a$ *Anfangstrockensubstanzgehalt*, TS $\%_e$ *Endtrockensubstanzgehalt*, φ_a *Anfangsfeuchte*, φ_e *Endfeuchte*,

Verdoppelt sich beim Trocknungsprozess der Trockensubstanzgehalt, halbiert sich die Trockengutmasse (Abb. 5.6).

Der Einfluss des Trockensubstanzgehaltes auf die Transportmenge lässt sich besonders gut am Beispiel des Gülletransportes veranschaulichen. Erhöht sich der Trockensubstanzgehalt bei der Gülle von 4 % auf 8 %, halbiert sich die Transportmenge (konstante Mengen

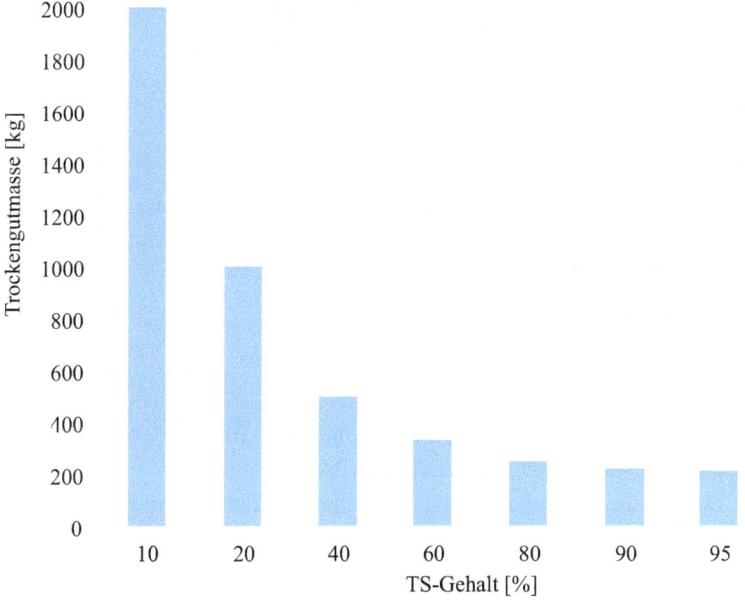

Abb. 5.6 Trockengutmasse in Abhängigkeit vom Trockensubstanzgehalt beim Trocknungsprozess (Trockensubstanzmasse konstant)

an Trockensubstanz vorausgesetzt). Erhöht sich der Trockensubstanzgehalt von 5 % auf 6 %, sinkt der Wassergehalt je 1000 kg Gülle um 167 kg.

$$m_{\Delta w} = 1000\,kg\, \frac{(95\,\% - 94\,\%)}{(100\,\% - 94\,\%)} = 167\,kg$$

5.4 Wegstrecken bei Ausbringungs- und Ernteverfahren

Zur Planung des Arbeitsablaufes der Maschinen auf dem Feld ist es erforderlich, die Wegstrecke einer Bunkerfüllung- bzw. entleerung zu kennen. Die Nutzung von Zwischenspeichern (Vorratsbehälter, Bunker) auf Landmaschinen ermöglicht ein zeitlich begrenztes, von Transportprozessen unabhängiges Arbeiten.

Die Wegstrecke S ergibt sich aus dem Fassungsvermögen des Zwischenspeichers, der Arbeitsbreite und dem Ertrag bzw. der Ausbringmenge.

$$S = \frac{m_L}{AB * E} \qquad (5.7)$$

S: *max. Ausbringweg je Behälterfüllung*, m_L: *Masse des Düngers*, E: *Ausbringmenge*, AB: *Arbeitsbreite*

Im nachfolgenden Beispiel wird ein Mineraldüngerstreuer eingesetzt. Es befinden sich 5 t Dünger im Vorratsbehälter. Die Arbeitsbreite beträgt 36 m bei einer Ausbringmenge von 120 kg/ha. Für den Ausbringweg S ergeben sich 11.574 m.

$$S = \frac{5000\,kg}{36\,m * 120\,\frac{kg}{ha}} = 11.574\,m$$

Zur Berechnung der Wegstrecke kann auch die Aufnahme- bzw. Verteilmenge je laufendem Meter verwendet m_{lfm} werden, die sich aus dem Produkt von Ertrag und Arbeitsbreite ergibt. Für die Wegstrecke S gilt dann

$$S = \frac{m_L}{m_{lfm}} \qquad (5.8)$$

S: *max. Wegstrecke bis zur Bunkerfüllung*, m_L: *max. Masse Zuckerüben im Bunker*, m_{lfm} *Aufnahme- bzw. Verteilmenge je laufendem Meter*

Bei der Zuckerrübenernte kommt ein 6-reihiger Zuckerrübenroder zum Einsatz. Bei einem Ertrag von 75 t/ha bzw. 7,5 kg/m² und einer Arbeitsbreite von 2,7 m ergibt sich eine Aufnahmemenge je laufendem Meter von 20,25 kg/m.

$$m_{lfm} = E * AB = 7,5\,\frac{kg}{m^2} * 2,7\,m = 20,25\,kg/m$$

m_{lfm}: *Aufnahmemenge je laufendem Meter*, E: *Ertrag*, AB: *Arbeitsbreite*

Bei einem Fassungsvermögen des Bunkers von 30 m³ und einer Dichte von 0,65 t/m³ (Lademasse 19,5 t) kann der Zuckerrübenroder maximal 963 m ohne Entleerung roden. Soll nur auf einem Vorgewende abgebunkert werden, darf das Feld nicht länger als 481 m sein.

$$S = \frac{19{,}5\,t * m}{20{,}25\,kg} = 963\,m$$

5.5 Einfluss von Feldlänge und Schlaggröße auf die Verfahrensleistung

Die Verfahrensleistung hängt neben der Arbeitsbreite und der Arbeitsgeschwindigkeit entscheidend von der Feldlänge ab. Die Schlaggröße beeinflusst die Verfahrensleistung indirekt durch Verringerung unproduktiver Arbeitszeit. Mit zunehmender Feldlänge sinkt der Wendezeitanteil und die verfahrensspezifische Leistung steigt. Gleichzeitig verringert sich der Anteil des Vorgewendes, auf dem durch Wendevorgänge eine erhöhte Bodenbelastung entsteht, die zu Ertragsverlusten führen kann.

Um Zeitverluste beim Wenden und Ertragsverluste auf Vorgewendeflächen gering zu halten, ist eine möglichst große Feldlänge anzustreben. Die maximale Feldlänge wird einerseits durch betriebliche Gegebenheiten vorgegeben. Andererseits wird sie abhängig vom genutzten Verfahren z. B. durch die maximale Wegstrecke einer Bunkerfüllung bei der Ausbringung von Saatgut, Düngemitteln, Pflanzenschutzmitteln oder Gülle sowie bei der Ernte eingeschränkt.

Anteil der Wendezeit an der Feldarbeitszeit

Zur Berechnung des Anteils x_W der Wendezeit T_{B3} an der Feldarbeitszeit T_{AC} müssen neben der Wendezeit T_{B3} die Aufgabenverrichtungszeit T_A, die wiederkehrenden Nebenzeiten T_B und die Störungszeiten T_C erfasst werden (s. auch Abschn. 3.6). Es gilt die Gleichung:

$$x_W = \frac{T_{B3}}{T_A + T_B + T_C} = \frac{T_{B3}}{T_{AC}} \qquad (5.9)$$

Bei insgesamt 22 min Wendezeit T_{B3}, 2 min Feldrüstzeit T_{B4} und 65 min Aufgabenverrichtungszeit T_A berechnet sich ein Wendezeitanteil von 25 % (s. Feld 2 im Beispiel aus Abschn. 3.7).

$$x_W = \frac{T_{B3}}{T_A + T_B + T_C} = \frac{22\,min}{65\,min + 24\,min + 0} = 0{,}25$$

Verhältnis von Wendezeit zu Aufgabenverrichtungszeit

Das Verhältnis x_V von Wendezeit T_{B3} zu Aufgabenverrichtungszeit T_A ist von der Wendezeit, der Feldlänge und der Arbeitsgeschwindigkeit abhängig. Zur Berechnung werden nur wenige Daten benötigt.

Zum einen kann das Verhältnis von Wendezeit zu Aufgabenverrichtungzeit x_V auf Basis einer einfachen Zeitmessung bestimmt werden. Der Quotient aus Wendezeit und Aufgabenverrichtungszeit kann direkt gebildet werden.

$$x_V = \frac{T_{B3}}{T_A} \qquad (5.10)$$

Beispiel (s. Feld 2 im Beispiel aus Abschn. 3.7):

$$x_V = \frac{22\,min}{65\,min} = 0{,}34$$

Zum anderen lässt sich das Verhältnis von Wendezeit zu Aufgabenverrichtungszeit anschaulich auf der Basis von Wegstrecken berechnen. Multipliziert man die Wendezeit T_{B3} und die Arbeitsgeschwindigkeit v_F während der Aufgabenverrichtungszeit miteinander, ergibt sich eine Wegstrecke. Diese repräsentiert die entgangene Strecke an Aufgabenverrichtung (EA), die während der Wendezeit T_{B3} bei Fortsetzung der Arbeit und Beibehaltung der Arbeitsgeschwindigkeit v_F zurückgelegt worden wäre.

$$EA = T_{B3} * v_F \qquad (5.11)$$

Beispiel: Beträgt die Wendezeit $T_{B3} = 29$ s und die Fahrgeschwindigkeit $v_F = 11$ km/h bzw. 3,1 m/s, dann könnte während dieser Zeit 89 m weitergearbeitet werden.

$$EA = 29\,s * 3{,}1\frac{m}{s} = 89\,m$$

In Tab. 5.5 wurde für verschiedene Arbeitsaufgaben die entgangene Strecke an Aufgabenverrichtung berechnet. Deutlich wird der Einfluss der Arbeitsgeschwindigkeit.
Setzt man die entgangene Strecke an Aufgabenverrichtung EA ins Verhältnis zur Länge der Bearbeitungsspur L ergibt sich ebenfalls das Verhältnis von Wendezeit zu Aufgabenverrichtungszeit.

Tab. 5.5 Entgangene Strecke an Aufgabenverrichtung EA je Wendung für verschiedene Arbeitsverfahren

	Wendezeit	Arbeitsgeschwindigkeit		EA
	s	m/s	km/h	m
Traktor mit Grubber	19	4,2	15	80
Traktor mit Pflug	24	1,7	6,0	41
Feldspritze	17	1,8	6,5	31
Mähdrescher	20	1,25	4,5	25

(Nach (Engelhardt 2004))

5.5 Einfluss von Feldlänge und Schlaggröße auf die Verfahrensleistung

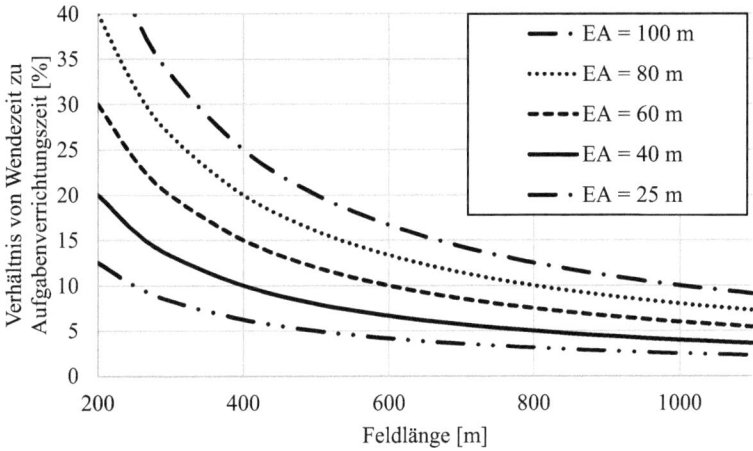

Abb. 5.7 Verhältnis von Wendezeit zu Aufgabenverrichtungszeit in Abhängigkeit von Länge der Bearbeitungsspur und entgangener Strecke an Aufgabenverrichtung während des Wendevorganges (EA)

$$x_V = \frac{T_{B3} * v_F}{T_A * v_F} = \frac{EA}{L} \qquad (5.12)$$

$$x_V = \frac{EA}{L} \qquad (5.13)$$

Das Verhältnis von Wendezeit zu Aufgabenverrichtungszeit beträgt bei einer Länge der Bearbeitungsspur von 263 m und einer entgangenen Strecke an Aufgabenverrichtung während des Wendevorganges von 89 m (s. Feld 2 im Beispiel aus Abschn. 3.7):

$$x_V = \frac{89\,m}{263\,m} = 0{,}34$$

In Abb. 5.7 ist das Verhältnis von Wendezeit zu Aufgabenverrichtungszeit x_V in Abhängigkeit von entgangener Strecke an Aufgabenverrichtung während des Wendevorganges EA und Länge der Bearbeitungsspur L für ein rechteckiges Feld dargestellt.

Anteil der Vorgewendefläche
Die Fläche eines Vorgewendes ergibt sich aus dem Produkt von Vorgewendelänge und Vorgewendebreite. Die Vorgewendelänge entspricht auf rechteckigen Feldern der Feldbreite.

Da auf einem rechteckigen Feld zwei Vorgewende angelegt werden, beträgt der Flächenanteil x_A des Vorgewendes:

$$x_A = \frac{2 * b_V}{FL} \qquad (5.14)$$

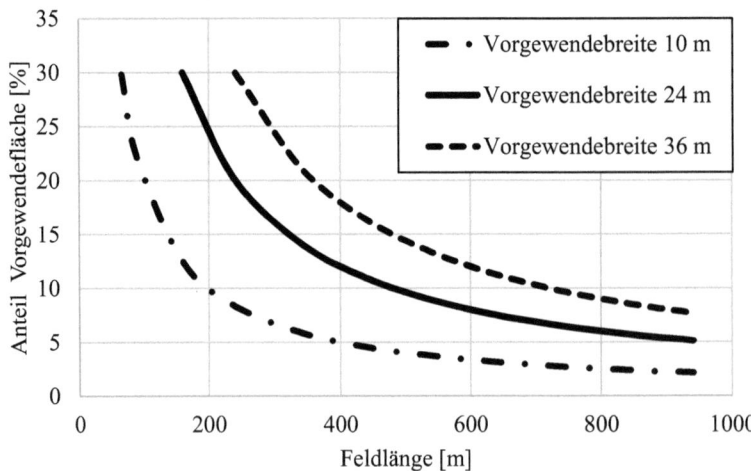

Abb. 5.8 Anteil der Vorgewendefläche an der Feldfläche in Abhängigkeit von der Vorgewendebreite und der Feldlänge

In Abb. 5.8 ist der Anteil der Vorgewendefläche an der Feldfläche in Abhängigkeit von der Vorgewendebreite b_V und der Feldlänge FL dargestellt.

Die Ertragsreduktion bezogen auf das gesamte Feld ergibt sich aus dem Produkt von Vorgewendeanteil und dem prozentualem Minderertrag auf dem Vorgewende. Bei einem um 10 % geringeren Ertrag und einem Anteil des Vorgewendes von 8 % (Feldlänge 600 m, Vorgewendebreite 24 m) ergibt sich auf dem Feld eine Ertragsreduktion von 0,8 %. Bei doppelter Feldlänge halbieren sich die Ertragsverluste.

Abhängigkeit der Feldlänge von der Bunkergröße
Einige Erntemaschinen, z. B. Mähdrescher, sind mit Bunkern ausgerüstet. Eine Entleerung des gefüllten Bunkers auf Transportfahrzeuge kann entweder auf dem gesamten Feld (parallel zum Dreschvorgang) oder nur auf dem Vorgewende erfolgen.

Eine Abbunkerung ist beispielsweise auf das Vorgewende beschränkt, wenn der Transport mit Standwagen oder Wechselanhängern (ein Anhängerzug steht auf dem Vorgewende, der zweite Anhängerzug ist auf dem Weg zum Lager) realisiert wird. Eine Erntemaschine sollte dann das Vorgewende spätestens erreicht haben, wenn der Bunker befüllt ist, um unnötige Kurzfahrten mit gefülltem Bunker zu vermeiden. Wird nur an einem Vorgewende abgebunkert, dann ist die Feldlänge auf 50 % der Wegstrecke bis zum vollständigen Befüllen des Bunkers begrenzt.

Bei den Verfahren zur Ausbringung (z. B. Gülle) sollte zur Vermeidung von Kurzfahrten das Bunkervolumen so groß sein, dass eine Verteilung auf der kompletten Feldlänge (Befüllung auf beiden Vorgewenden) oder über zwei Feldlängen (Befüllung nur auf einem Vorgewende) gewährleistet werden kann.

5.5 Einfluss von Feldlänge und Schlaggröße auf die Verfahrensleistung

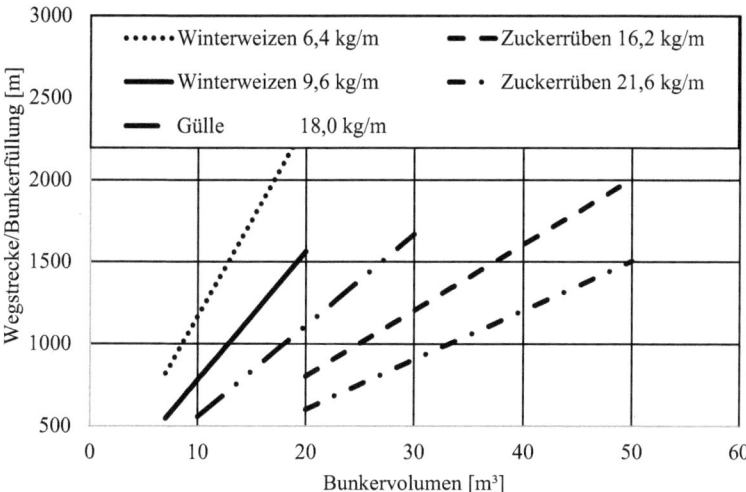

Abb. 5.9 Wegstrecke je Bunkerfüllung in Abhängigkeit vom Bunkervolumen und Aufnahme- bzw. Verteilmenge je laufendem Meter

In Abb. 5.9 ist die Wegstrecke je Bunkerfüllung in Abhängigkeit von der Aufnahme- bzw. Verteilmenge je laufendem Meter und dem Bunkervolumen für die Ernte von Weizen und Zuckerrüben bzw. die Gülleausbringung dargestellt (Berechnung s. Abschn. 5.4).

Spezifische Transportarbeit

Die Transportarbeit ist das Produkt aus transportierter Masse und zurückgelegtem Transportweg (Tonnenkilometer). Auf einem Feld ist eine minimale spezifische Transportarbeit A_{sT} notwendig, die sich daraus ergibt, dass die Ernte- und Ausbringmengen auf kürzestem Wege zumindest vom Feldinneren bis zum Feldrand bzw. umgekehrt zu befördern sind (s. Anhang). Sie wird in Tonnenkilometer je Hektar angegeben.

$$A_{sT} = \frac{1}{2} E * FL \qquad (5.15)$$

A_{sT}: *minimale spezifische Transportarbeit*, E: *Ertrag*, FL: *Feldlänge*

Die minimale spezifische Transportarbeit ist in Abb. 5.10 in Abhängigkeit von der Feldlänge und dem Ertrag dargestellt.

Mit zunehmender Feldlänge steigt die minimale spezifische Transportarbeit proportional an. Bei einer Feldlänge von 800 m beträgt diese das 2-fache gegenüber einer Feldlänge von 400 m (3,2 tkm/ha zu 1,6 tkm/ha).

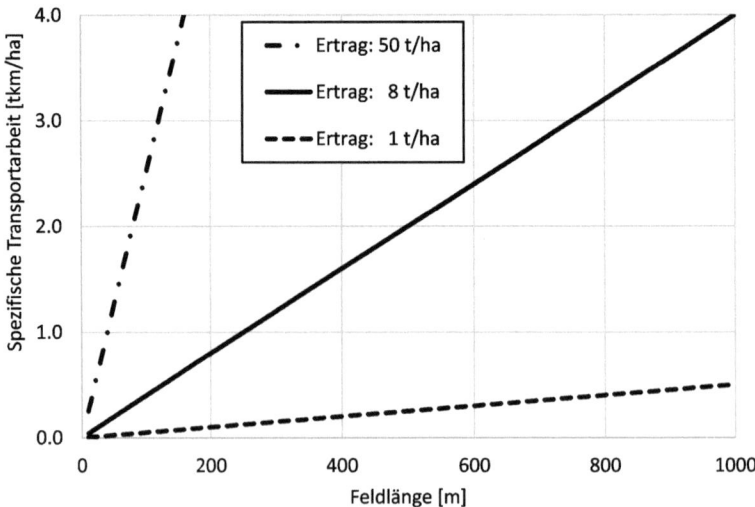

Abb. 5.10 Minimale spezifische Transportarbeit in Abhängigkeit von Feldlänge und Ertrag

Schlaggröße

In den Landwirtschaftsbetrieben werden zur Steigerung der Arbeitsproduktivität immer leistungsstärkere Maschinen eingesetzt, woraus der Trend zu größeren Schlägen resultiert.

Eine Steigerung der Arbeitsproduktivität kann neben dem Einsatz von immer größeren und schwereren Maschinen aber auch durch den Einsatz von mehreren autonom arbeitenden Feldrobotern erreicht werden. Da die Größe der bearbeiteten Schläge von der Leistungsfähigkeit und Größe der eingesetzten Maschinen abhängt, können Feldroboter auch auf kleineren Schlageinheiten eingesetzt werden (Mielewczik und Heitkämper 2022; Fechner und Uebe 2020).

5.6 Erzeugte und eingesetzte Ressourcen

Ein Verfahren beinhaltet die notwendigen Arbeitskräfte, Maschinen, Geräte, Stoff- und Informationsflüsse sowie deren Zusammenwirken zur Erzeugung von Produkten. Zur Bewertung gehört welcher Arbeitsumfang in welcher Zeit, mit welchem Aufwand und unter welchen Bedingungen erbracht werden kann.

Die Angaben zum Arbeitsumfang können Stückzahlen, Massen, Längen, Flächen und Volumina beinhalten. Gebräuchliche Einheiten sind in Tab. 5.6 aufgeführt.

Als verfahrenstechnische Leistung wird der Quotient aus dem Arbeitsumfang und der dazu benötigten Zeit bezeichnet. Der Arbeitsumfang (Fläche, Masse, Anzahl) ist im Allgemeinen eindeutig. Bei der Angabe der Arbeitszeit müssen dagegen die Besonderheiten einer Arbeitszeitgliederung berücksichtigt werden, da sich die verfahrenstechnische Leistung auf verschiedene Zeitsummen beziehen kann. In Tab. 5.7 sind die Summen der Teil-

5.6 Erzeugte und eingesetzte Ressourcen

Tab. 5.6 Absolute und spezifische Angaben zum Arbeitsumfang

	absolute Angaben		spezifische Angaben	
	Einheiten	Beispiel	Einheiten	Beispiel
Stückzahl	–	Anzahl Rundballen	Stk/d, Stk/h	Stückleistung einer Presse
Masse	t, kg	Erntemasse	t/h, t/min	Durchsatz
Länge	m, km	Schwadlänge	m/s, km/h	Geschwindigkeit
Fläche	m^2, ha	Feldgröße	ha/h, ha/d	Flächenleistung
Volumen	m^3, Liter	Ladevolumen	m^3/min	Be-/Entladeleistung

Tab. 5.7 Summen der Teilzeiten des Zeitgliederungsschemas, kumulierte Zeitsummen und verfahrenstechnische Leistungen

Summe der Teilzeiten	Zeitsumme	Verfahrenstechnische Leistung
Aufgabenverrichtungszeit T_A	Aufgabenverrichtungszeit T_A	Durchsatz $\dot{m}_{T_A} = \dfrac{m}{T_A}$
Wiederkehrende Nebenzeiten $T_B = T_{B1} + \ldots + T_{B9}$	Verfahrensspezifische Arbeitszeit $T_{AB} = T_A + T_B$	Verfahrensspezifische Leistung $\dot{m}_{T_{AB}} = \dfrac{m}{T_{AB}}$
Störungszeiten $T_C = T_{C1} + \ldots + T_{C5}$	Feldarbeitszeit $T_{AC} = T_A + T_B + T_C$	Feldarbeitsleistung $\dot{m}_{T_{AC}} = \dfrac{m}{T_{AC}}$
Vor- und Nachbereitungszeiten $T_D = T_{D1} + \ldots + T_{D4}$	Gesamtarbeitszeit $T_{AD} = T_A + T_B + T_C + T_D$	Tagesleistung $\dot{m}_{T_{AD}} = \dfrac{m}{T_{AD}}$

zeiten des Zeitgliederungsschemas (s. Kap. 3), die daraus kumulierten Zeitsummen und die verschiedenen verfahrenstechnischen Leistungen dargestellt.

Der Arbeitsumfang (Masse m) wird auf die Aufgabenverrichtungszeit, die verfahrensspezifische Arbeitszeit, die Feldarbeitszeit oder die Gesamtarbeitszeit bezogen.

Der *Durchsatz* $\dot{m}_{T_A}$ ist die Leistung in der Aufgabenverrichtungszeit. Verfahrensabhängig kann zwischen Massedurchsatz, Volumendurchsatz oder Stückgutdurchsatz unterschieden werden.

Die *verfahrensspezifische Leistung* $\dot{m}_{T_{AB}}$ ergibt sich aus dem Quotienten von Arbeitsumfang zu verfahrensspezifischer Arbeitszeit. Weitere verfahrenstechnische Leistungen sind die *Feldarbeitsleistung* und die *Tagesleistung*.

In Tab. 5.8 sind für das Beispiel der Bodenbearbeitung aus Abschn. 3.7, bei dem eine Fläche von 31,3 ha bearbeitet wurde, die Flächenleistungen bei verschiedenen Zeitbezügen (kumulierte Zeitsummen) vergleichend dargestellt.

Das geprüfte Bodenbearbeitungsgerät erreichte in der Aufgabenverrichtungszeit unter den vorherrschenden Einsatzbedingungen eine Flächenleistung von 6,9 ha/h. Wird die ge-

Tab. 5.8 Vergleich der verfahrenstechnischen Leistungen (Flächenleistung) in der Bodenbearbeitung (Arbeitsumfang 31,3 ha) bei Bezug auf verschiedene Zeitsummen

verfahrenstechnische Leistung	Zeitsumme	Dauer	Flächenleistung
Durchsatz	Aufgabenverrichtungszeit	271 min	6,9 ha/h
verfahrensspezifische Leistung	verfahrensspezifische Arbeitszeit	364 min	5,2 ha/h
Feldarbeitsleistung	Feldarbeitszeit	399 min	4,7 ha/h
Tagesleistung	Gesamtarbeitszeit	487 min	3,9 ha/h

Tab. 5.9 Verfahrenstechnische Aufwandskennzahlen (Auswahl)

	absolute Angaben		spezifische Angaben	
	Einheiten	Beispiel	Einheiten	Beispiel
Arbeitskraftbedarf	–	Anzahl	Akh/ha	Arbeitskraftstunden
Kraftstoffbedarf	kg, l	Menge	l/t, l/h	spezifischer Kraftstoffverbrauch
Kosten	€	Investitionskosten	€/ha	spezifische Investitionskosten
Maschinenbedarf	–	Anzahl	h/ha	spezifische Motorstunden

samte Aufenthaltszeit auf dem Feld berücksichtigt (Feldarbeitszeit), dann berechnet sich noch eine Flächenleistung von 4,7 ha/h. Werden zusätzlich die Vor- und Nachbereitungszeiten einbezogen, reduzierte sich die Flächenleistung weiter auf 3,9 ha/h.

Verfahrenstechnische Aufwandskennzahlen stellen den personellen, technischen und finanziellen Bedarf zur Charakterisierung der Verfahren dar. Es werden sowohl absolute als auch spezifische Angaben verwendet. Eine Auswahl gebräuchlicher Einheiten ist in Tab. 5.9 aufgeführt.

5.7 Bestimmung der Kornverluste der Restkornabscheidung und der Reinigung beim Mähdrusch mittels Prüfschalen

Beim Einsatz der Mähdrescher treten unterschiedliche Kornverlustarten, wie Aufnahme-, Spritz-, Schüttler-, Rotor-, Riesel- und Reinigungsverluste, auf. Verluste entstehen auch durch Schnittähren, nicht ausgedroschene Ähren und Bruchkorn. Im Folgenden wird auf die durch Prüfschalen ermittelbaren Kornverluste der Restkornabscheidung (Schüttler- oder Rotorverluste) und der Reinigung eingegangen. Da die Kornverluste infolge von Gutflussschwankungen variieren, sind mehrere Wiederholungen, verteilt über Arbeitsbreite und Fahrtweg, bei der Erfassung erforderlich.

5.7.1 Verlustbestimmung beim Breithäckseln des Strohes

Beim Breithäckseln werden das Stroh und der Reinigungsabgang hinter dem Mähdrescher über die gesamte Arbeitsbreite verteilt. Zum Auffangen der darin befindlichen Verlustkörner werden Prüfschalen (Auffangschalen) so platziert, dass ein Teil des Häckselgutes

5.7 Bestimmung der Kornverluste der Restkornabscheidung und der Reinigung ...

bei der Überfahrt des Mähdreschers hineinfällt. In einem Beispiel werden bei einem Ertrag von 84 dt/ha auf drei Prüfschalen (je 0,18 m² Grundfläche) im Durchschnitt 1,4 g Körner gefunden. Für die Berechnung ist zu empfehlen, die Körnerverlustmasse je Quadratmeter zu bestimmen. Es ergibt sich ein Kornverlust von 7,8 g/m² (78 kg/ha).

$$e_V = \frac{m_V}{A} = \frac{1,4\,g}{0,18\,m^2} = 7,8\,\frac{g}{m^2} \tag{5.16}$$

e_V: *mittlere Körnerverlustmasse*, m_V: *Körnerverlustmasse/Prüfschale*, A: *Prüfschalenfläche*

Zur Berechnung der prozentualen Kornverluste wird die Körnerverlustmasse zum geernteten Ertrag zzgl. Körnerverlustmasse ins Verhältnis gesetzt. Die Körnerverluste für die Restkornabscheidung (z. B. Schüttler) und für die Reinigung betragen insgesamt 0,92 %.

$$\Delta_E = \frac{e_V}{e_V + E} = \frac{7,8\,\frac{g}{m^2}}{7,8\,\frac{g}{m^2} + 840\,\frac{g}{m^2}} = 0,92\,\% \tag{5.17}$$

Δ_E: *Körnerverluste*, e_V: *mittlere Körnerverlustmasse*, E: *Ertrag* [g/m²]

5.7.2 Verlustbestimmung bei Schwadablage des Strohes

Im zweiten Beispiel wird von einem Schüttlermähdrescher das ausgedroschene Stroh im Schwad abgelegt. Darin enthalten sind die Verlustkörner der Schüttler (Schüttlerverluste). Der Reinigungsabgang mit den zugehörigen Verlustkörnern wird dagegen mit Spreuverteiler über die Arbeitsbreite verteilt (Abb. 5.11).

Ein Teil der Körnerverluste der Schüttler und der Reinigung wird mittels Prüfschalen aufgefangen, um die prozentualen Körnerverluste zu berechnen. Dazu werden Prüfschalen jeweils unter dem Mähdrescher (z. B. mittels Ablageeinrichtung) und seitlich vom

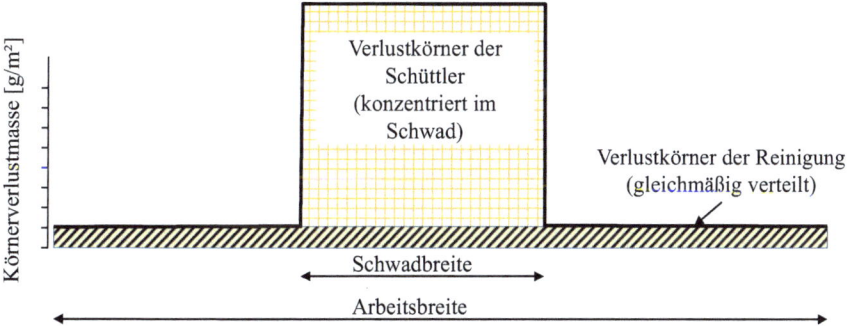

Abb. 5.11 Verteilung der Körnerverlustmasse von Schüttler und Reinigung über der Arbeitsbreite (Schwadablage des Strohes und Einsatz eines Spreuverteilers für den Reinigungsabgang)

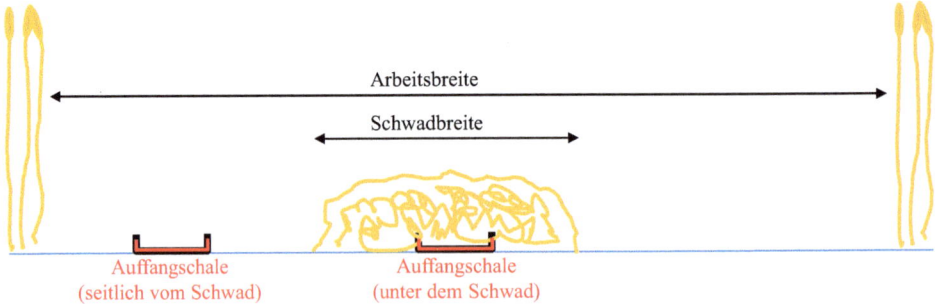

Abb. 5.12 Ablageposition der Prüfschalen (Auffangschalen) zur Bestimmung der Körnerverluste für die Schütter und für die Reinigung

Mähdrescher platziert (Abb. 5.12). Unter und in das Strohschwad fallen Reinigungsverluste und Schüttlerverluste, seitlich vom Schwad nur Reinigungsverluste.

Berechnung der Körnerverluste: In den Prüfschalen (je 0,18 m² Grundfläche) unter dem Schwad wurden 9 g Körner gefunden. Die seitlich vom Schwad abgelegten Prüfschalen enthielten durchschnittlich 0,5 g Körner. Der Ertrag soll 84 dt/ha, die Ablagebreite des Schwades 1,52 m und die Arbeitsbreite 10,8 m betragen.

a) Körnerverlustmasse der Reinigung und der Schüttler

Die *Körnerverlustmasse der Reinigung* kann direkt aus dem Korngewicht in den seitlich abgelegten Prüfschalen ermittelt werden. Sie beträgt 2,78 g/m².

$$e_{VR} = \frac{m_{VR}}{A} = \frac{0,5\,g}{0,18\,m^2} = 2,78\,\frac{g}{m^2} \tag{5.18}$$

e_{VR}: *mittlere Körnerverlustmasse der Reinigung*, m_{VR}: *Körnerverlustmasse/Prüfschale*, A: *Prüfschalenfläche*

Die Berechnung der *Körnerverlustmasse der Schüttler* erfolgt in zwei Schritten.

Schritt 1: Die Körnermasse der Prüfschale unter dem Schwad wird auf einen Quadratmeter umgerechnet. Da darin auch die Körnerverlustmasse der Reinigung enthalten ist, muss diese subtrahiert werden. Die Körnerverlustmasse der Schüttler unter dem Schwad beträgt somit $e^*_{VS} = 47,2$ g/m².

$$e^*_{VS} = \frac{m_{VS}}{A} - e_{VR} \tag{5.19}$$

$$e^*_{VS} = \frac{9\,g}{0,18\,m^2} - 2,78\,\frac{g}{m^2} = 47,2\,\frac{g}{m^2} \tag{5.20}$$

e^*_{VS}: *Körnerverlustmasse der Schüttler unterm Schwad*, e_{VR}: *Körnerverlustmasse der Reinigung*, m_{VS}: *Körnerverlustmasse in der Prüfschale unter dem Schwad insgesamt*, A: *Prüfschalenfläche*

5.7 Bestimmung der Kornverluste der Restkornabscheidung und der Reinigung ...

Schritt 2: Da sich die Aufnahmebreite des Bestandes (Arbeitsbreite) und die Ablagebreite der Verlustkörner der Schüttler unterscheiden, ergibt sich eine erhöhte Konzentration an Körnerverlustmasse der Schüttler e^*_{VS} im Schwadbereich. Diese muss entsprechend des Verhältnisses von Aufnahmebreite (Arbeitsbreite) zu Ablagebreite (Schwadbreite) korrigiert werden. Die Körnerverlustmasse der Schüttler beträgt somit 6,6 g/m².

$$e_{VS} = e^*_{VS} * \frac{b_S}{AB_{eff}} \qquad (5.21)$$

$$e_{VS} = 47{,}2 * \frac{1{,}52\,m}{10{,}8\,m} = 6{,}6 \frac{g}{m^2} \qquad (5.22)$$

e_{VS}: *Körnerverlustmasse der Schüttler*, e^*_{VS}: *Körnerverlustmasse der Schüttler unterm Schwad*, b_S: *Ablagebreite des Schwades*, AB_{eff}: *effektive Arbeitsbreite des Schneidwerks*

b) Prozentuale Körnerverluste der Reinigung und der Schüttler

Zur Berechnung der prozentualen Kornverluste wird die Körnerverlustmasse zum geernteten Ertrag zzgl. Körnerverlustmasse von Reinigung und Schüttler ins Verhältnis gesetzt.

Die prozentualen Körnerverluste der *Reinigung* Δ_{ER} betragen 0,3 %.

$$\Delta_{ER} = \frac{e_{VR}}{e_{VR} + e_{VS} + E} \qquad (5.23)$$

$$\Delta_{ER} = \frac{2{,}78 \frac{g}{m^2}}{2{,}78 \frac{g}{m^2} + 6{,}6 \frac{g}{m^2} + 840 \frac{g}{m^2}} = 0{,}3\,\% \qquad (5.24)$$

Δ_{ER}: *Körnerverluste der Reinigung*, e_{VR}: *Körnerverlustmasse der Reinigung*, e_{VS}: *Körnerverlustmasse der Schüttler*, E: *Ertrag*

Die prozentualen Körnerverluste der *Schüttler* Δ_{ES} betragen 0,8 %.

$$\Delta_{ES} = \frac{e_{VS}}{e_{VR} + e_{VS} + E} \qquad (5.25)$$

$$\Delta_{ES} = \frac{6{,}6 \frac{g}{m^2}}{2{,}78 \frac{g}{m^2} + 6{,}6 \frac{g}{m^2} + 840 \frac{g}{m^2}} = 0{,}8\,\% \qquad (5.26)$$

Δ_{ES}: *Körnerverluste der Schüttler*, e_{VR}: *Körnerverlustmasse der Reinigung*, e_{VS}: *Körnerverlustmasse der Schüttler*, E: *Ertrag*

Literatur

ENGELHARDT, Heiko (2004): Auswirkungen von Flächengröße und Flächenform auf Wendezeiten, Arbeitserledigung und verfahrenstechnische Maßnahmen im Ackerbau. Dissertation, Institut für Landtechnik der Justus-Liebig-Universität Giessen.

FECHNER, Winfried und UEBE, Norbert (2020): Arbeitsverfahren zum Einsatz von Feldrobotern in der Ernte. In: 22. Arbeitswissenschaftliches Kolloquium des VDI-MEG Arbeitskreises Arbeitswissenschaften im Landbau (S. 31). Tänikon

MIELEWCZIK, Michael, HEITKÄMPER, Katja (2022): Framework zur Abschätzung von Wegstrecken beim Einsatz von Feld-und Schwarmrobotern am Beispiel der Ernte. Arbeit unter einem DA-CH: Der Landwirt im 4.0-Modus, S. 169

ZIEGLER, Thomas (2017): Erstellung eines Leitfadens für die Trocknung von Arznei- und Gewürzpflanzen. (Leibniz-Institut für Agrartechnik und Bioökonomie e. V. (ATB), Hrsg.) (Bd. Bornimer Agrartechnische Berichte). ATB, Leibniz-Inst. für Agrartechnik, Potsdam-Bornim, 207 S.

Transport

6

Für die Landwirtschaft besteht in einem erheblichen Umfang die Aufgabe, Güter zwischen Feldern, Betriebsstätten, Lägern und dem Handel zu transportieren. Die Transportmengen können bis zu 90 t je Hektar Ackerland betragen. Der Unterschied zu den Transportarbeiten anderer Wirtschaftszweige besteht in den wesentlich kürzeren Transportentfernungen. Es werden mathematische Modelle zur Beschreibung von Ernte- und Transportprozessen entwickelt, mit deren Hilfe die Leistung von Ernte- und Transportketten berechnet werden kann. Die Ursachen ablaufbedingter Wartezeiten werden aufgezeigt und Gleichungen zur Berechnung ihrer Dauer aufgestellt. Dabei muss zwischen leistungsabhängigen und leistungsunabhängigen ablaufbedingten Wartezeiten unterschieden werden. Durch den Einsatz von Puffern können ablaufbedingte Wartezeiten reduziert werden.

Ein besonderes Augenmerk liegt auf Ernte- und Transportketten, bei denen, wie es in der landwirtschaftlichen Praxis oft vorgefunden wird, ungleichartige Arbeitseinheiten (z. B. Transporteinheiten mit unterschiedlicher Lademasse) zum Einsatz kommen.

6.1 Transportumfang in der Landwirtschaft

In den Jahren 2015 bis 2021 wurden in Deutschland im Durchschnitt die in Tab. 6.1 aufgeführten landwirtschaftlichen Produkte erzeugt. Diese müssen mindestens einmal transportiert werden.

Neben den Erntegütern sind im größeren Umfang auch Gülle, Pflanzenschutzmittel und Mineraldünger zu transportieren.

Die Güter besitzen unterschiedliche Eigenschaften. Sie können sowohl empfindlich oder auch aggressiv sein. Die Transportgüter unterscheiden sich hinsichtlich des Aggregatzustands, der Gutdichte, der Schüttdichte, der Lagerdichte, der Lagerfähigkeit und der

Tab. 6.1 Jährliche Erntemengen der Landwirtschaft in Deutschland für die Jahre 2015–2021 (Statistisches Jahrbuch über Ernährung, Landwirtschaft und Forsten der Bundesrepublik Deutschland 2021)

Bezeichnung	Erntemengen in 1000 t	Zeitspanne von – bis
Getreide*)	39.982	Juli/August
Körnermais	3942	Oktober/November
Winterraps	3910	Juli/August
Zuckerrüben	27.777	Oktober/November
Silomais/Grünmais	91.593	September
Kartoffeln	10.676	Juli – Oktober
Dauergrünland	27.363	Mai/Juni,
Summe	205.243	

*) *ohne Körnermais*

Tab. 6.2 Eigenschaften ausgewählter Transportgüter in der Landwirtschaft

Gutart	Schüttdichte kg/m^3	TS-Gehalt %	Ertrag/Ausbringmenge t/ha
Winterweizen	720 … 780	86	6–10
Raps	600 … 720	92	3–5
Erbsen	800	85	2–5
Kartoffeln	700 … 800	20	30–50
Zuckerrüben	600 … 700	23	50–90
Welkgut 30 % TS	350 … 650	30	
Ballenstroh	120 … 170	85	5–7
loses Stroh	40 … 50	85	
Mineraldünger	750 … 1100	–	0,1
Pflanzenschutzmittel	1000	–	0,2–0,4
AHL	1280	–	0,2
Stalldung	400 … 800	25	15–25
Gülle	1100	6 … 8	10–50

Haltbarkeit. Sie können u. a. rieselfähig, sedimentierend, feucht, staubig, feinkörnig, giftig oder unangenehm riechend sein. Ein großer Anteil der Erntegüter dient als Nahrungsmittel und muss dementsprechend hygienisch korrekt behandelt werden. In Tab. 6.2 sind einige landwirtschaftliche Güter und ausgewählte Eigenschaften aufgeführt.

Einen wesentlichen Einfluss auf die Gestaltung der Transportverfahren haben die spezifischen Bedingungen in der Landwirtschaft.

- Es werden z. T. große Transportmengen über kurze bis mittlere Entfernungen transportiert.
- Zur Schonung des Ackerbodens werden geeignete Fahrwerke eingesetzt.
- Der saisonale Charakter der Produktion ist mit z. T. hohen Kapazitätsanforderungen verbunden.
- Das große Güterspektrum (empfindliche Güter, Nahrungsmittel und Gefahrenstoffe) erfordert unterschiedlich gestaltete Transportfahrzeuge.

- Die Güter sind auf der Fläche zu verteilen oder von der Fläche zu ernten.
- Die Witterung beeinflusst den Arbeitsprozess erheblich.

Für die Gestaltung der Transportverfahren steht eine breite Palette an Transport- und Umschlagmitteln zur Verfügung.

6.2 Transportverbundene Arbeitsverfahren

Landwirtschaftliche Transportarbeiten können in verschiedene Verfahren eingeteilt werden. In Tab. 6.3 wird eine Auswahl an transportverbundenen Arbeitsverfahren aufgeführt.

Die transportverbundenen Arbeitsverfahren lassen sich in drei Typen unterteilen. Übernimmt eine Arbeitseinheit sowohl die Gutaufnahme (Beladen), den Transport des Gutes als auch die Gutabgabe (Entladen) eigenständig, wird das transportverbundene Arbeitsverfahren vom Typ I als **Ein-Mann-Verfahren** bezeichnet (Zeile 1). Ein typisches Beispiel ist die Futterernte mit einem Ladewagen.

Ein Vorteil des Ein-Mann-Verfahrens liegt in der Vermeidung von ablaufbedingter Wartezeit. Das Ein-Mann-Verfahren eignet sich für kurze Transportentfernungen sowie für Arbeiten mit geringer Kapazitätsanforderung. Die erreichbare Masseleistung $\dot{m}$ ergibt sich aus dem Quotienten von Lademasse m_L zu Umlaufzeit t_U sowie der Anzahl parallel genutzter Arbeitseinheiten.

$$\dot{m} = \frac{m_L}{t_U} * n_{AE} \qquad (6.1)$$

$\dot{m}$ *Masseleistung*, m_L *Lademasse*, t_U *Umlaufzeit*, n_{AE} *Anzahl Arbeitseinheiten*

Tab. 6.3 Transportverbundene Arbeitsverfahren mit Beispielen

transportverbundenes Arbeitsverfahren	Beladen (B)		Transportieren (T)	Entladen (E)		Bemerkung
	Art	Anzahl	Anzahl	Art	Anzahl	
Typ I	SB	N	N	SE	N	B = T = E
Typ II	SB	N	N	FE	1	B = T
Typ II	FB	1	N	SE	N	T = E
Typ III	FB	1	N	FE	1	–
Typ III	FB	1	N	FE	1	B = E
Typ III	FB	N	N	FE	N	–

FB Fremdbeladung, SB Selbstbeladung
FE Fremdentladung, SE Selbstentladung
1 eine eingesetzte Einheit, N Anzahl eingesetzter Einheiten
B = T = E Das Fahrzeug für Beladung (B), Transport (T) und Entladung (E) ist identisch
(frei nach (Fleischer 1969)

Mit steigenden Kapazitätsanforderungen gewinnt die Arbeitsteilung an Bedeutung und die Spezialisierung bei den Arbeiten nimmt zu. Statt mehrere gleichartige Maschinen einzusetzen, werden leistungsstarke Erntemaschinen oder Umschlagmittel mit universell nutzbaren Transporteinheiten kombiniert.

Führt eine Arbeitseinheit sowohl einen Umschlagprozess als auch den Transport aus und nur das Beladen oder nur das Abladen erfolgt jeweils mit einem separaten Umschlagmittel, wird das als ein **transportverbundenes Arbeitsverfahren Typ II** (Zeile 2 und 3) bezeichnet. Typisch für eine Fremdbeladung ist der Getreidetransport bei der Ernte (Zeile 3).

Kommen sowohl zum Beladen als auch zum Entladen eigenständige Umschlagmittel zum Einsatz, nennt man dies ein **transportverbundenes Arbeitsverfahren Typ III**. Ein solches Verfahren ist zum Beispiel der Ballentransport mit zwei Frontladern (Zeile 4). Wird für Be- und Entladen derselbe Frontlader als Umschlagmittel eingesetzt, findet ebenfalls ein Arbeitsverfahren vom Typ III statt (Zeile 5). Ein transportverbundenes Arbeitsverfahren vom Typ I ergibt sich dagegen, wenn derselbe Frontlader sowohl den Umschlag als auch den Transport erledigt.

Die transportverbundenen Arbeitsverfahren vom Typ II und III zeichnen sich durch ein hohes Leistungsvermögen aus, es können jedoch ablaufbedingte Wartezeiten entstehen. Um diese zu verringern oder zu vermeiden, können Puffer genutzt werden.

Ein **Parallelverfahren** liegt vor, wenn Ernte und Transport direkt miteinander verbunden sind. Typisches Beispiel ist die Futterernte mit dem Feldhäcksler und nebenherfahrendem Transportfahrzeug. Es besteht eine Abhängigkeit zwischen Erntemaschinen und Transporteinheiten (Herrmann 1999; Heege 1977).

Sind Puffer (Zwischenspeicher) verfügbar, ergeben sich **absätzige Arbeitsverfahren**. Ernte und Transport können ohne gegenseitige Behinderung nacheinander bzw. mit gewissem Arbeitsvorsprung durchgeführt werden. Ein Beispiel dafür ist das Strohpressen, bei dem das Feld als Puffer dient.

Steht nur eine begrenzte Pufferkapazität zur Verfügung, wie beispielsweise mit dem Bunker des Mähdreschers, spricht man von einem **bedingt absätzigen Arbeitsverfahren**. Die verschiedenen Arbeitsaufgaben können nur zeitweise unabhängig voneinander durchgeführt werden.

6.3 Beladezeit, Transportfahrzeuganzahl

6.3.1 Beladezeit

Während der Beladezeit steigt die Lademasse der Transporteinheit kontinuierlich an (s. Zeitgliederungsschema im Abschn. 3.2.2). Die Beladezeit ergibt sich aus Lademasse und Umschlagleistung.

Bei Beladung einer Transporteinheit durch eine Erntemaschine ohne Bunkerkapazität (z. B. Feldhäcksler) ist die Beladezeit T_{B1} auf Basis des Durchsatzes zu berechnen.

6.3 Beladezeit, Transportfahrzeuganzahl

Bei einer Lademasse von 20 t und einem Durchsatz des Feldhäckslers von 200 t/h beträgt die Beladezeit t_{B1} einer Transporteinheit 6 min.

$$T_{B1} = \frac{m_L}{\dot{m}_{T_A}} = \frac{20\,t}{200\,t/h} = 06:00\,min \qquad (6.2)$$

T_{B1} *Beladezeit,* m_L *Lademasse,* $\dot{m}_{T_A}$ *Durchsatz*

Bei Beladung einer Transporteinheit durch eine Erntemaschine mit Bunker (z. B. Mähdrescher) entspricht die Umschlagleistung der Abtankleistung bei der Bunkerentleerung. In unserem Beispiel kann der Mähdrescher 120 l je Sekunde abtanken. Die Lademasse des Transportfahrzeuges beträgt 24 t bei einer Gutdichte von 0,75 kg/l. Für die Transporteinheit beträgt die Beladezeit T_{B1} insgesamt 04:27 min. Bei einer Bunkermasse von 8 t teilt sich die Beladezeit auf drei Abbunkervorgänge auf.

$$T_{B1} = \frac{m_L}{\dot{m}_B} = \frac{m_L}{\dot{V} * \rho} = \frac{24\,t}{120\,l/s * 0{,}75\,kg/l} = \frac{24.000\,kg}{90\,kg/s} = 04:27\,min \qquad (6.3)$$

T_{B1} *Beladezeit,* m_L *Lademasse,* $\dot{m}_B$ *Abtankleistung,* $\dot{V}$ *Volumenstrom,* ρ *Dichte*

6.3.2 Anzahl notwendiger Transportfahrzeuge

Ausgehend von der Leistung der Erntemaschinen muss die nachfolgende Transportkette in Abhängigkeit von den Transportmengen, den Be- und Entladezeiten und der Transportentfernung abgestimmt werden. Dazu sind die Umlaufzeit und die bedarfsbestimmende Zeit zu ermitteln.

Die Umlaufzeit t_U einer Transporteinheit umfasst die Zeitspanne vom Beladen T_{B1}, über die Lastfahrt T_A, das Entladen T_{B1}, die Leerfahrt T_{B2} und mögliche weitere Zeiten (z. B. Kurzfahrtzeit T_{B5}, ablaufbedingte Wartezeit T_{B6}, Probenentnahmezeit zur Bestimmung der Qualitätsparameter T_{B7}, verkehrsbedingte Wartezeit T_{B8}, Störungszeit T_C) bis zum Beginn des folgenden Ladevorganges.

$$t_U = T_A + T_{B1} + T_{B2} + T_{B5} + T_{B6} + T_{B7} + T_{B8} + T_C$$

Die bedarfsbestimmende Zeit t_b gibt die Zeit bis zur nächsten benötigten Transporteinheit an. Sie ergibt sich aus dem Quotienten von Lademasse zu verfahrensspezifischer Leistung der zu bedienenden Ausbring- oder Erntemaschinen.

$$t_b = \frac{m_L}{\dot{m}_{T_{AB}} * n_{EM}} \qquad (6.4)$$

m_L *Lademasse eines Transportfahrzeugs,* n_{EM} *Anzahl Erntemaschinen,* $\dot{m}_{T_{AB}}$ *verfahrensspezifische Leistung einer Erntemaschine*

Beim Einsatz eines Feldhäckslers mit einer verfahrensspezifischen Kapazität von 160 t/h und einer Lademasse der Transportfahrzeuge von 24 t ergibt sich eine bedarfsbestimmende Zeit von 9 min.

$$t_b = \frac{24\,t}{160\,t/h * 1} = 9\,\text{min}$$

Die erforderliche Anzahl an Transporteinheiten bei einheitlichen Transportmitteln berechnet sich aus dem Quotienten von Umlaufzeit t_U zu bedarfsbestimmender Zeit t_b:

$$n_{TE} = \frac{t_U}{t_b} \tag{6.5}$$

n_{TE}: *Anzahl Transportfahrzeuge*, t_U *Umlaufzeit*, t_b *bedarfsbestimmende Zeit*
Beispiel:
Beträgt die Umlaufzeit t_U der Transportfahrzeuge 45 min und wird alle 9 min (bedarfsbestimmende Zeit) ein weiteres Transportfahrzeug benötigt, dann beträgt die Anzahl an Transportfahrzeugen:

$$n_{TE} = \frac{t_U}{t_b} = \frac{45\,\text{min}}{9\,\text{min}} = 5 \tag{6.6}$$

Bei der Berechnung können auch nicht ganzzahlige Ergebnisse entstehen. In diesen Fällen muss entschieden werden, ob auf- oder abgerundet werden soll. Die Entscheidung, wann aufgerundet werden soll, kann von den entstehenden Kosten abhängig gemacht werden.

Es ist dann Abzurunden, wenn die niedrigeren Kosten für die Transportfahrzeuge ($n_{TE} * K_{TE}$) nicht durch die höheren Kosten der Erntemaschinen K_{EM} infolge ablaufbedingten Wartens aufgehoben werden.

Kosten bei Abrundung	<	Kosten bei Aufrundung
$(K_{EM} + K_{TE} * n_{TE}) * T^*_{ABTE}$	<	$(K_{EM} + K_{TE} * (n_{TE} + 1)) * T^*_{ABEM}$

K_{EM} *stündliche Kosten aller Erntemaschinen*, K_{TE} *stündliche Kosten eines Transportfahrzeuges*, n_{TE} *Anzahl Transportfahrzeuge bei Abrundung*, T^*_{ABTE} *Dauer der Arbeit, wenn die Transportfahrzeuge die Gesamtleistung bestimmen*, T^*_{ABEM} *Dauer der Arbeit, wenn die Erntemaschinen die Gesamtleistung bestimmen.*
Wird abgerundet, bestimmt die verfahrensspezifische Kapazität der Transportfahrzeuge die Dauer der Arbeit T^*_{ABTE}. Die Erntemaschinen müssen leistungsabhängig ablaufbedingt warten.

$$T^*_{ABTE} = \frac{m_{ges}}{K_{VTE} * n_{TE}} \tag{6.7}$$

6.3 Beladezeit, Transportfahrzeuganzahl

$T^*_{AB\,TE}$ *Dauer des Transports,* $K_{V\,TE}$ *verfahrensspezifische Kapazität des Transportfahrzeuges,* m_{ges} *Erntemenge,* n_{TE} *Anzahl der Transportfahrzeuge bei Abrundung.*

Wird aufgerundet, wird die Dauer der Arbeit durch die verfahrensspezifische Kapazität der Erntemaschinen bestimmt.

$$T^*_{AB\,EM} = \frac{m_{ges}}{K_{V\,EM}} \qquad (6.8)$$

$T^*_{AB\,EM}$ *Dauer der Arbeit der Erntemaschinen,* m_{ges} *Erntemenge,* $K_{V\,EM}$ *verfahrensspezifische Kapazität der Erntemaschinen*

An der Grenze zwischen Auf- und Abrunden sind die Gesamtkosten unabhängig von der Entscheidung gleich.

$$\left(K_{EM} + K_{TE} * n_{TE}\right) * \frac{m_{ges}}{K_{V\,TE} * n_{TE}} = \left(K_{EM} + K_{TE} * \left(n_{TE} + 1\right)\right) * \frac{m_{ges}}{K_{V\,EM}} \qquad (6.9)$$

Durch Umstellung ergibt sich die Gleichung:

Leistungsdifferenz	=	Kostenanstieg je Transporteinheit
$\dfrac{K_{V\,EM} * n_{EM}}{K_{V\,TE} * n_{TE}} - 1$	=	$\dfrac{K_{TE}}{\left(K_{EM} + K_{TE} * n_{TE}\right)}$

Die Grenze zwischen Auf- und Abrunden liegt dort, wo der Leistungszuwachs beim Aufrunden (Leistungsdifferenz) und der Kostenanstieg beim Aufrunden gleich groß sind (s. Anhang). Es ist aufzurunden, wenn der prozentuale Leistungszuwachs größer als die Kostensteigerung ist.

Aus Tab. 6.4 und 6.5 wird abgeleitet, ob mit einer zusätzlichen Transporteinheit geerntet werden soll.

Tab. 6.4 Anzahl Transporteinheiten, spezifische Verfahrenskosten und Leistungsparameter einer Ernte- und Transportkette

Anzahl Transporteinheiten			
Lademasse der Transporteinheiten m_L	t	20	
Umlaufzeit der Transporteinheiten t_U	min	33	
bedarfsbestimmende Zeit t_b	min	7,7	$m_L/K_{V\,EM}$
Anzahl erforderlicher Transporteinheiten		4,26	t_U/t_b
spezifische Verfahrenskosten			
Erntemaschine K_{EM}	€/h	600	
Transporteinheit K_{TE}	€/h	50	
Kosten der Erntekette mit 4 Transporteinheiten	€/h	800	600 + 4 * 50
Leistungsparameter			
verfahrensspezifische Kapazität Erntemaschine $K_{V\,EM}$	t/h	155,0	Vorgabe
verfahrensspezifische Kapazität je Transporteinheit $K_{V\,TE}$	t/h	36,4	m_L/t_U
verfahrensspezifische Kapazität bei 4 Transporteinheiten	t/h	145,5	$n_{TE} * m_L/t_U$

Tab. 6.5 Kostenanstieg und Leistungsanstieg bei Einsatz einer zusätzlichen Transporteinheit

Kostenanstieg bei Einsatz von 5 Transporteinheiten		6,25 %	50 €/800 €
Leistungszuwachs bei 5 Transporteinheiten		6,56 %	(155/145,5) − 1

Tab. 6.6 Arbeitszeit und Verfahrenskosten ohne und mit zusätzlicher Transporteinheit

Arbeitszeit und Verfahrenskosten			
Arbeitszeit mit 4 Transporteinheiten T^*_{ABTE}	h	6,88	1000 t/145,5 t/h
Kosten mit 4 Transporteinheiten	€/h	5500,00 €	6,88 h * 800 €/h
Arbeitszeit mit 5 Transporteinheiten T^*_{ABEM}	h	6,45	1000 t/155,0 t/h
Kosten mit 5 Transporteinheiten	€/h	5483,87 €	6,45 h * (800 + 50) €/h
Zeitersparnis mit 5 Transporteinheiten	h	0,42	

In Tab. 6.4 wird mit 4 Transporteinheiten gerechnet. Da das Ergebnis der Berechnung der erforderlichen Transporteinheiten nicht ganzzahlig war, stellt sich die Frage ob es zweckmäßig ist, eine 5. Transporteinheit einzusetzen. Die Basis für diese Entscheidung ist das Verhältnis von Anstieg der Leistung der Erntekette zum Anstieg der Verfahrenskosten. Das Ergebnis ist aus Tab. 6.5 ersichtlich.

Der Leistungsanstieg bei Einsatz einer zusätzlichen Transporteinheit ist größer als der Kostenanstieg. Somit sollten 5 Transporteinheiten in der Erntekette eingesetzt werden. Die Einsatzzeit für die Ernte von 1000 t verringert sich um 0,42 h (25 min) und die Verfahrenskosten sinken um 16 € (Tab. 6.6).

6.4 Ablaufbedingte Wartezeit

Bei der Getreideernte kommen in Abhängigkeit vom Durchsatz der Mähdrescher verschiedene Transportverfahren zum Einsatz (Abb. 6.1).

Beim Einsatz eines Mähdreschers mit geringerer Leistung oder auf kleinen Schlageinheiten kann das Transportverfahren mit Standwagen zum Einsatz kommen. Bei gefülltem Bunker fährt der Mähdrescher zum am Feldrand abgestellten Standwagen und bunkert ab. Ist ein Standwagen befüllt, muss dieser ersetzt werden.

Beim Transport mit Wechselanhänger werden mindestens zwei Anhängereinheiten benötigt. Die Leistungsfähigkeit des Mähdreschers ist so hoch, dass ein Wechselanhänger zur Beladung auf dem Feld steht und parallel dazu ein Wechselanhänger abtransportiert werden muss.

Bei höherer Druschleistung kommen mehrere Transporteinheiten zum Einsatz. Diese fahren zu den Mähdreschern und übernehmen das Erntegut parallel während des Druschvorganges.

Im Interesse der Bodenschonung ist der Einsatz von Überladewagen, die das Erntegut auf am Feldrand stehende Transporteinheiten übergeben, zu prüfen.

Leistungsdifferenzen zwischen den Erntemaschinen und den Transportfahrzeugen führen zu leistungsabhängigen ablaufbedingten Wartezeiten.

6.4 Ablaufbedingte Wartezeit

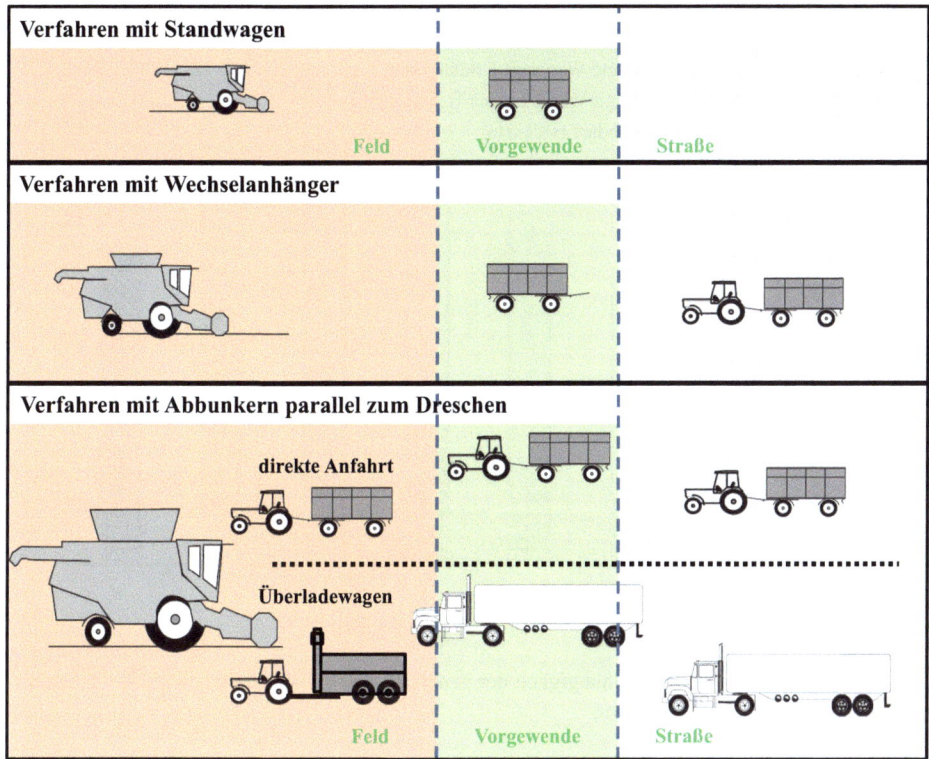

Abb. 6.1 Varianten des Transports bei der Getreideernte

6.4.1 Leistungsabhängige ablaufbedingte Wartezeit

6.4.1.1 Leistungsabhängige ablaufbedingte Wartezeit bei gleichartigen Transportfahrzeugen

Da die Anzahl der eingesetzten Transporteinheiten n_{TE} nur ganzzahlig sein kann, muss bei der Berechnung zweckmäßig auf- oder abgerundet werden. Häufig wird aufgerundet, um Wartezeiten bei den Erntemaschinen zu vermeiden.

In Abb. 6.2 ist für die Silomaisernte beispielhaft der Arbeitszeitbedarf inklusive der leistungsabhängigen ablaufbedingten Wartezeiten in Abhängigkeit von der Anzahl der eingesetzten Transporteinheiten dargestellt (Herrmann 1999).

Beim Einsatz von zu wenigen Transportfahrzeugen ist das Leistungsvermögen des Feldhäckslers höher und es fallen für ihn leistungsabhängige ablaufbedingte Wartezeiten T_{B6} an (2 bzw. 3 Transportfahrzeuge). Werden 4 oder mehr Transporteinheiten eingesetzt, entfällt die ablaufbedingte Wartezeit für die Erntemaschine und es treten ablaufbedingte Wartezeiten bei den Transportfahrzeugen auf. Die Arbeitszeitbedarfe für das Häckseln und für den Transport bleiben unabhängig von der Anzahl eingesetzter Transportfahrzeuge konstant.

Zur Berechnung der leistungsabhängigen ablaufbedingten Wartezeit wird die verfahrensspezifische Kapazität verwendet.

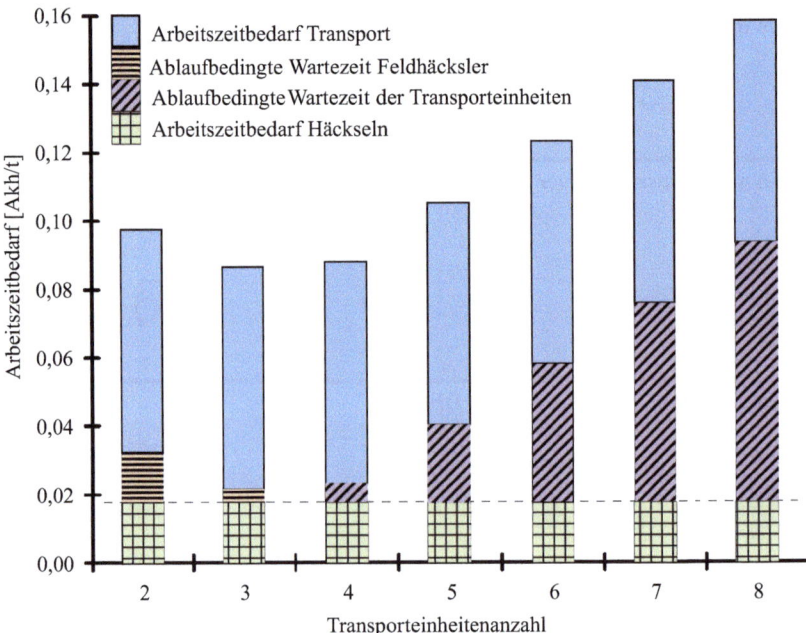

Abb. 6.2 Arbeitszeitbedarf in Abhängigkeit der genutzten Transporteinheiten beim Silomaistransport und 10 km Transportentfernung

Die **verfahrensspezifische Kapazität** K_V entspricht dem Leistungsvermögen der Erntemaschinen bzw. der Transportfahrzeuge, wenn diese ohne leistungsabhängige ablaufbedingte Wartezeit, unabhängig voneinander durcharbeiten können. Die verfahrensspezifische Kapazität ergibt sich aus dem Verhältnis von Arbeitsmenge zu verfahrensspezifischer Arbeitszeit.

Für die leistungsabhängige ablaufbedingte Wartezeit gelten die Gleichungen (6.10, 6.11 und 6.12).

$$T_{B6} = T^*_{AB\,EM} - T^*_{AB\,TE} \tag{6.10}$$

$$T_{B6} = \frac{m_{ges}}{n_{EM} * K_{V\,EM}} - \frac{m_{ges}}{n_{TE} * K_{V\,TE}} \tag{6.11}$$

$$T_{B6} = \left(\frac{n_{TE} * K_{V\,TE}}{n_{EM} * K_{V\,EM}} - 1\right) * \frac{m_{ges}}{n_{TE} * K_{V\,TE}} \tag{6.12}$$

T_{B6} *ablaufbedingte Wartezeit*, $T^*_{AB\,EM}$ *Arbeitszeit der Erntemaschine bei Ausnutzung ihrer verfahrensspezifischen Kapazität*, $T^*_{AB\,TE}$ *Arbeitszeit der Transporteinheit bei Ausnutzung ihrer verfahrensspezifischen Kapazität*, m_{ges} *Erntemenge*, n_{EM} *Anzahl der Erntemaschinen*, $K_{V\,EM}$ *verfahrensspezifische Kapazität der EM*, n_{TE} *Anzahl der Transporteinheiten*, $K_{V\,TE}$: *verfahrensspezifische Kapazität der Transporteinheiten*

6.4 Ablaufbedingte Wartezeit

Beispiel:
Zwei Mähdrescher mit einer verfahrensspezifischen Kapazität von je 50 t/h werden von vier Transporteinheiten mit einer Lademasse von 25 t und einer Umlaufzeit von 53:20 min (ohne leistungsabhängige ablaufbedingte Wartezeit) bedient. Die verfahrensspezifische Kapazität der Transporteinheiten beträgt 28,1 t/h (25 t/53,33 min). Insgesamt werden auf 100 ha 800 t Korn geerntet.

Ohne ablaufbedingte Wartezeit benötigen die Mähdrescher 08:00:00 h zur Ernte des Getreides. Für den Transport des Erntegutes ohne ablaufbedingte Wartezeit werden 07:06:40 h benötigt, da die Leistung der vier Transporteinheiten mit je 28,1 t/h höher ist als die Leistung der Mähdrescher. Nach Gl. 6.11 berechnet sich für eine Transporteinheit pro Tag eine leistungsabhängige ablaufbedingte Wartezeit T_{B6} von 53:20 min.

$$T_{B6} = \frac{800\,t}{2*50\,t/h} - \frac{800\,t}{4*28,13\,t/h} = 08:00:00\,h - 07:06:40\,h = 00:53:20\,\min$$

Jede Transporteinheit muss acht Umläufe absolvieren. Daraus ergibt sich eine leistungsabhängige ablaufbedingte Wartezeit von 06:40 min je Umlauf.

Die Umlaufzeit der Transporteinheiten beträgt somit inklusive leistungsabhängiger ablaufbedingter Wartezeit 60:00 min.

Beispielhaft stellt Abb. 6.3 die leistungsabhängigen ablaufbedingten Wartezeiten einer Transporteinheit in Abhängigkeit von der verfahrensspezifischen Kapazität der Ernte-

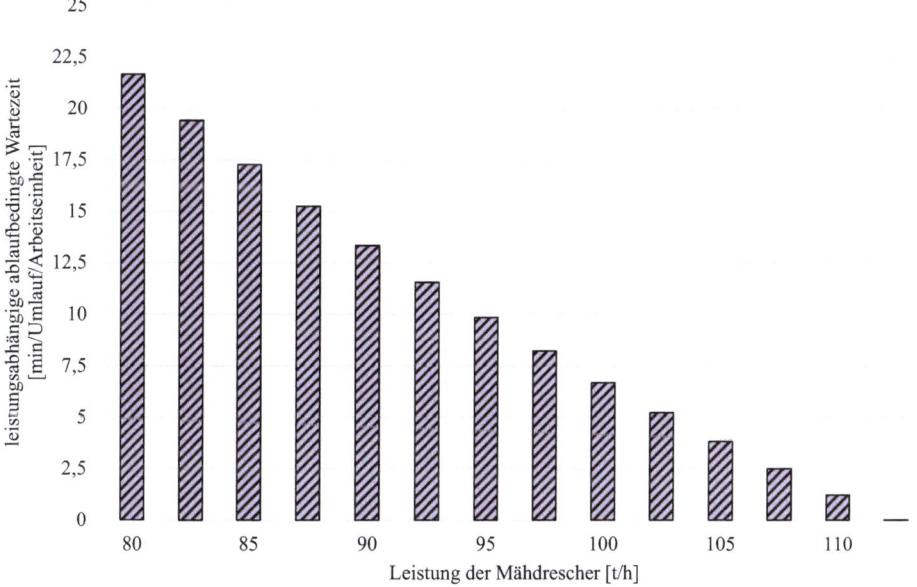

Abb. 6.3 Ablaufbedingte Wartezeit einer Transporteinheit in Abhängigkeit von der Leistung der Mähdrescher

maschinen dar. Mit ansteigendem Durchsatz der Mähdrescher (z. B. infolge von im Tagesverlauf sich ändernder Erntebedingungen) sinken die Wartezeiten des Transportfahrzeuges. Ist die verfahrensspezifische Kapazität der Erntemaschinen größer als die der Transportfahrzeuge, ergeben sich leistungsabhängige ablaufbedingte Wartezeiten für die Mähdrescher.

6.4.1.2 Leistungsabhängige ablaufbedingte Wartezeit bei ungleichartigen Transportfahrzeugen

Unter den konkreten Bedingungen eines Landwirtschaftsbetriebes sind häufig ungleichartige Transportfahrzeuge im Einsatz, was, bedingt durch unterschiedliche Lademassen, zu unterschiedlichen Transportumlaufzeiten führt. Die Belade- und Entladezeiten, die Fahrtzeiten sowie die Transportleistungen der Transportfahrzeuge weichen voneinander ab. Die ablaufbedingten Wartezeiten variieren in Abhängigkeit von der Ankunftszeit der Transporteinheiten auf dem Feld und dem Beginn des Beladevorganges.

Im Folgenden wird davon ausgegangen, dass zwei oder mehr Mähdrescher im Einsatz sind und die Transportfahrzeuge das Erntegut parallel während des Druschvorganges übernehmen.

Die Ankunft auf dem Feld wird von der **wartezeitfreien Umlaufzeit** t_{wfU} bestimmt. Sie ergibt sich aus den Zeiten für die Fahrt zu den Erntemaschinen (z. B. Mähdrescher) auf dem Feld, der Erntegutübernahme (Beladen), der Last- und Leerfahrt sowie das Entladen.

$$t_{wfU} = T_{B5} + T_{B1} + T_A + T_{B1} + T_{B2} + T_{B7} \tag{6.13}$$

t_{wfU} *wartezeitfreie Umlaufzeit*, T_{B5} *Kurzfahrtzeit*, T_{B1} *Beladezeit*, T_A *Lastfahrtzeit*, T_{B1} *Entladezeit*, T_{B2} *Leerfahrtzeit*, T_{B7} *Kontroll- und Wiegezeit*.

Der Beginn des nächsten Ladevorganges einer Transporteinheit ist u. a. von der Anzahl eingesetzter Transportfahrzeuge abhängig. Setzt man voraus, dass bei gleichem Transportziel die Beladereihenfolge der Transportfahrzeuge sich nicht ändert, wird jedes Transportfahrzeug erst wieder beladen, nachdem die Beladung der anderen Transportfahrzeuge abgeschlossen ist.

Ausgehend von der Summe der Lademassen aller Transportfahrzeuge in der Transportkette ist die Zeit zu berechnen, die die Erntemaschinen benötigen, um das notwendige Transportgut zu ernten. Diese Zeit soll als Lademassenzykluszeit bezeichnet werden.

Die **Lademassenzykluszeit** t_{LMZ} ist für alle Transportfahrzeuge gleich. Sie ergibt sich aus der Summe der Lademassen aller Transportfahrzeuge und der verfahrensspezifischen Kapazität der Erntemaschinen (Fechner und Uebe 2022) .

$$t_{LMZ} = \frac{\sum m_L}{n_{EM} * K_{V\,EM}} = \frac{\sum m_L}{\sum K_{V\,EM}} \tag{6.14}$$

t_{LMZ} *Lademassenzykluszeit*, $\sum m_L$ *Lademasse aller Transportfahrzeuge*, n_{EM} *Anzahl der Erntemaschinen*, $K_{V\,EM}$ *verfahrensspezifische Kapazität der Erntemaschine*.

6.4 Ablaufbedingte Wartezeit

Die **individuellen leistungsabhängigen ablaufbedingten Wartezeiten** $t_{B6\,i}$ der Transportfahrzeuge berechnen sich aus der Differenz von Lademassenzykluszeit t_{LMZ} zu individueller wartezeitfreier Umlaufzeit $t_{wfU\,i}$.

$$T_{B6i} = t_{LMZ} - t_{wfU\,i} \qquad (6.15)$$

$$T_{B6i} = \frac{\sum m_L}{\sum \dot{K}_{VEM}} - T_{B5i} - T_{B1ai} - T_{Ai} - T_{B1bi} - T_{B2i} \qquad (6.16)$$

$T_{B6\,i}$ *leistungsabhängige ablaufbedingte Wartezeit, i Index der Transporteinheit,* t_{LMZ} *Lademassenzykluszeit,* $t_{wfU\,i}$ *wartezeitfreie Umlaufzeit der Transporteinheit i,* $\sum m_L$ *Lademasse aller Transportfahrzeuge,* $\sum \dot{m}_{EM}$ *verfahrensspezifische Kapazität der Erntemaschinen,* $T_{B5\,i}$ *Kurzfahrtzeit der Transporteinheit i,* $T_{B1a\,i}$ *Beladezeit,* $T_{A\,i}$ *Lastfahrtzeit,* $T_{B1b\,i}$ *Entladezeit,* $T_{B2\,i}$ *Leerfahrtzeit.*

In Abb. 6.4 wird der zeitliche Zusammenhang grafisch dargestellt. Die Umlaufzeit einer Transporteinheit ist mit der Lademassenzykluszeit bzw. der Summe aus wartezeitfreier Umlaufzeit und leistungsabhängiger ablaufbedingter Wartezeit identisch.

Die Tab. 6.7 zeigt ein Berechnungsbeispiel. Die wartezeitfreien Umlaufzeiten betragen in Abhängigkeit von den Beladezeiten, Entladezeiten und den Fahrzeiten zwischen 35,5 min und 44,8 min. Die Summe aller Lademassen beträgt 77 t. Für diese Erntemenge benötigen die 3 Mähdrescher mit einer Gesamtleistung von 82 t/h eine Lademassenzykluszeit von 56,3 min. Die resultierenden leistungsabhängigen ablaufbedingten Wartezeiten der Transportfahrzeuge variieren zwischen 11,5 und 20,8 min.

Die Ergebnisse des Berechnungsbeispiels sind in Abb. 6.5 grafisch dargestellt.

Aus der Tab. 6.7 geht hervor, dass die verschiedenartigen Transportfahrzeuge zu unterschiedlichen leistungsabhängigen ablaufbedingten Wartezeiten führen. Kürzere wartezeitfreie Umlaufzeiten führen zu längeren Wartezeiten der Transporteinheiten. Es erhebt sich die Frage, ob die Anzahl der Transportfahrzeuge reduziert werden kann.

In Tab. 6.8 wird gezeigt, was passiert, wenn z. B. die Transporteinheit TE4 nicht mehr eingesetzt wird. Die Lademassenzykluszeit reduziert sich um den Anteil, der zur Beladung der eingesparten Transporteinheit (TE 4) notwendig ist. Die Lademassenzykluszeit

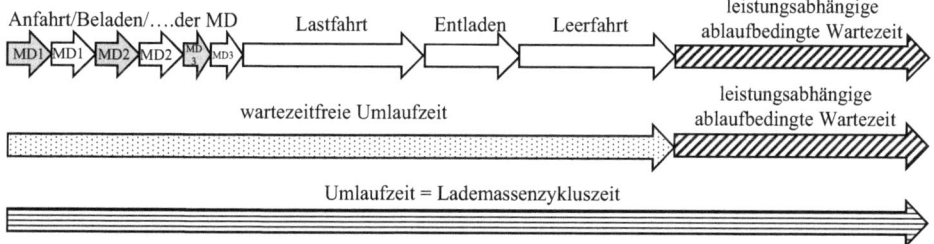

Abb. 6.4 Wartezeitfreie Umlaufzeit, leistungsabhängige ablaufbedingte Wartezeit und Lademassenzykluszeit einer Transporteinheit

Tab. 6.7 Leistungsabhängige ablaufbedingte Wartezeiten der Transportfahrzeuge bei ungleichartigen Transporteinheiten TE

		TE1	TE2	TE3	TE4
Lademasse (Σ 77 t)	t	19	25	14	19
Kurzfahrtzeit auf dem Feld	min	4,5	6,0	3,0	4,5
Beladezeit (Abbunkerzeit)	min	3,9	5,2	2,9	3,9
Lastfahrtzeit *)	min	11,8	13,4	11,8	9,8
Entladezeit *)	min	11,0	8,0	8,5	8,0
Leerfahrtzeit *)	min	11,1	12,2	11,1	9,3
wartezeitfreie Umlaufzeit	**min**	**42,3**	**44,8**	**37,3**	**35,5**
Lademassenzykluszeit	min	56,3	56,3	56,3	56,3
wartezeitfreie Umlaufzeit	min	42,3	44,8	37,3	35,5
leistungsabhängige ablaufbedingte Wartezeit	**min**	**14,0**	**11,5**	**19,0**	**20,8**

*) *unterschiedliche Zeiten ergeben sich aus der Verschiedenartigkeit der Transportfahrzeuge (Lademasse, Leermasse, Motorleistung, maximale Geschwindigkeit)*

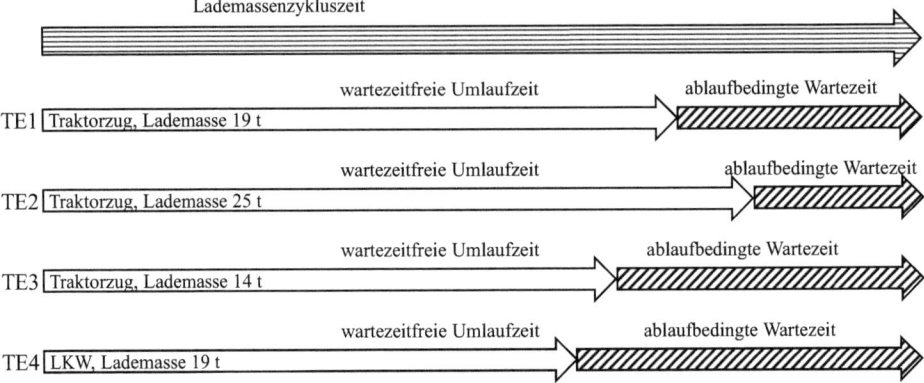

Abb. 6.5 Leistungsabhängige ablaufbedingte Wartezeiten der Transportfahrzeuge bei ungleichartigen Transporteinheiten TE

beträgt damit 42,3 min (58 t/82 t/h). Die wartezeitfreien Umlaufzeiten der Transporteinheiten bleiben unabhängig von der Anzahl der eingesetzten Transportfahrzeuge gleich. Für die leistungsabhängigen ablaufbedingten Wartezeiten berechnen sich dann die in Tab. 6.8 dargestellten Werte.

Die Einsparung der Transporteinheit TE4 reduziert die Kosten für den Transport. Die leistungsabhängigen ablaufbedingten Wartezeiten der Transporteinheiten verringern sich. Es entstehen aber ablaufbedingte Wartezeiten für die Erntemaschinen, da die Transporteinheit TE2 um 2,5 min verspätet auf dem Feld ankommt. In Abhängigkeit von der Erntesituation ist zu entscheiden, ob die Reduzierung der Transporteinheiten beibehalten wird.

Eine Standzeit der Erntemaschinen kann vermieden werden, wenn an Stelle TE 4 die Transporteinheit TE 3 eingespart wird (Tab. 6.9). Für die Lademassenzykluszeit ergibt sich dann ein Wert von 46 min (63 t/82 t/h).

6.4 Ablaufbedingte Wartezeit

Tab. 6.8 Leistungsabhängige ablaufbedingte Wartezeit nach Verkleinerung des Erntekomplexes um die Transporteinheit TE4

		TE1	TE2	TE3
Lademasse (Σ 58 t)	t	19	25	14
Lademassenzykluszeit	min	42,3	42,3	42,3
wartezeitfreie Umlaufzeit	min	42,3	44,8	37,3
leistungsabhängige ablaufbedingte Wartezeit	min	0	− 2,5 *)	5,0

*) negative Werte bedeuten eine verspätete Ankunft auf dem Feld und damit Wartezeit der Mähdrescher

Tab. 6.9 Leistungsabhängige ablaufbedingte Wartezeit nach Verkleinerung des Erntekomplexes um die Transporteinheit TE3

		TE1	TE2	TE4
Lademasse (Σ 63 t)	t	19	25	19
Lademassenzykluszeit	min	46,0	46,0	46,0
wartezeitfreie Umlaufzeit	min	42,3	44,8	35,5
leistungsabhängige ablaufbedingte Wartezeit	min	3,7	1,2	10,5

Die leistungsabhängigen ablaufbedingten Wartezeiten der Transporteinheiten zeigen die Leistungsreserve der Transportkette an. Steigen z. B. die Durchsätze der Erntemaschinen im Tagesverlauf an, verkürzt sich die Lademassenzykluszeit (die Transportfahrzeuge werden schneller beladen). Bei unveränderlichen Umlaufzeiten nehmen die ablaufbedingten Wartezeiten der Transportfahrzeuge ab.

6.4.2 Leistungs*unabhängige* ablaufbedingte Wartezeit

Bei den Transporteinheiten treten aber auch leistungs*unabhängige* ablaufbedingte Wartezeiten durch unplanmäßig lange Aufenthalte beim Landhandel, Verkehrsstörungen usw. auf. Diese verlängern die Umlaufzeit der Transportfahrzeuge, reduzieren die Transportleistung und können zusätzlich zu ablaufbedingten Wartezeiten bei den Erntemaschinen führen. Im Gegensatz zu den leistungsabhängigen ablaufbedingten Wartezeiten sind sie *kein Hinweis* auf Leistungsreserven der Transportkette und sollten unbedingt vermieden werden. Die Zeiteinbußen durch Landhandel und Verkehrsstörungen könnten z. B. durch eine flexible Wahl des Einlagerungsortes minimiert werden.

Leistungs*unabhängige* ablaufbedingte Wartezeiten können auch beim Einsatz des Überladewagens bei der Getreideernte auftreten. Kann durch einen Überladevorgang das Fahrzeug der zweiten Transportstufe nicht vollständig befüllt werden, muss dieses warten, bis der Überladewagen ein weiteres Mal befüllt am Feldrand ankommt (unvollkommene Lademassenabstimmung). Die Notwendigkeit einer zweiten Beladung setzt sich für die folgenden Transportfahrzeuge mit hoher Wahrscheinlichkeit fort. Die damit verbundenen leistungs*unabhängigen* ablaufbedingten Wartezeiten verlängern unnötig die Umlaufzeit der Transporteinheiten, reduzieren deren Transportleistung und führen gegebenenfalls zu ablaufbedingten Wartezeiten der Mähdrescher.

Tab. 6.10 Vergleich von leistungsabhängiger und leistungs*unabhängiger* ablaufbedingter Wartezeit bei Transportfahrzeugen

leistungsabhängige ablaufbedingte Wartezeit	leistungs*unabhängige* ablaufbedingte Wartezeit
• zeigt „Leistungsreserven" der Transporteinheiten an	• entsteht auch bei einem bestehenden Leistungsdefizit in der Transportkette
• führt nicht zu ablaufbedingten Wartezeiten bei den Erntemaschinen	• kann zu ablaufbedingten Wartezeiten der Erntemaschinen führen
• ist bei Leistungsüberschuss unvermeidbar	• ist durch Verfahrensgestaltung zu minimieren

Tab. 6.11 Leistungsabhängige ablaufbedingte Wartezeit in Abhängigkeit von der Anzahl Transporteinheiten, der wartezeitfreien Umlaufzeit und der leistungs*unabhängigen* Wartezeit

		Fall 1	Fall 2	Fall 3	Fall 4
Anzahl Transporteinheiten (TE)	Stück	3	4	4	3
Lademasse je Transporteinheit	t	25	25	25	25
Lademassen insgesamt	t	75	100	100	75
Lademassenzykluszeit der TE [1]	min	56,3	75,0	75,0	56,3
wartezeitfreie Umlaufzeit der TE	min	50	50	50	50
leistungs*unabhängige* Wartezeit [2]	min	0	0	20	20
leistungsabhängige Wartezeit	min	6,3	25,0	5,0	− 13,7 [3]

[1] *Mähdrescherleistung 80 t/h),* [2] *z. B. durch zusätzliche Wartezeit bei Befüllung durch einen Überladewagen,* [3] *verspätete Ankunft der Transporteinheiten auf dem Feld*

Durch eine Kombination aus direkter Anfahrt eines Mähdreschers (nach der Ankunft auf dem Feld wird ein Mähdrescher angesteuert und ein Bunker übernommen) und der nachfolgenden Kornübernahme vom Überladewagen am Feldrand kann eine unvollkommene Lademassenabstimmung vermieden und die beschriebene leistungs*unabhängige* ablaufbedingte Wartezeit der Straßentransportfahrzeuge minimiert werden. Der wesentliche Vorzug des Überladewagens hinsichtlich der Bodenschonung bleibt davon unberührt.

Die wesentlichen Unterschiede zwischen leistungsabhängigen und leistungs*unabhängigen* ablaufbedingten Wartezeiten sind in Tab. 6.10 zusammenfassend dargelegt.

In Tab. 6.11 werden 4 Szenarien mit 3 oder 4 Transporteinheiten sowie mit oder ohne leistungs*unabhängige* Wartezeit verglichen. Im Fall 1, bei dem keine leistungs*unabhängigen* Wartezeiten auftreten, werden drei Transporteinheiten eingesetzt. Die leistungsabhängige ablaufbedingte Wartezeit wird mit 6,3 min berechnet. Werden vier Transporteinheiten (Fall 2) eingesetzt, steigt die leistungsabhängige ablaufbedingte Wartezeit auf 25 min an (hoher Leistungsüberschuss). Wird dann im Fall 3 die Umlaufzeit der Transporteinheiten durch eine leistungs*unabhängige* ablaufbedingte Wartezeit um 20 min verlängert (z. B. ungünstige Lademassenabstimmung mit dem Überladewagen), sinkt die leistungsabhängige ablaufbedingte Wartezeit beim Einsatz von vier Transporteinheiten auf 5 min. Im Fall 4 bei 3 Transporteinheiten und 20 min leistungs*unabhängiger* Wartezeit kommt es zu Standzeiten bei den Mähdreschern durch eine verspätete Ankunft der Transporteinheiten von 13,7 min.

6.5 Wirkung von Puffern auf die Transportleistung von Ernte- und Transportketten

Als Ernte- und Transportkette bezeichnet man eine Anordnung von Erntemaschinen, Transportfahrzeugen und Umschlagmitteln. Die kleinste Ernte- und Transportkette besteht aus zwei Teilgliedern und setzt sich zum Beispiel aus einem Traktor mit Futterladewagen (Ernte und Transport) und einem Traktor zum Verteilen und Verdichten des Futterstocks bei der Befüllung eines Futtersilos zusammen (Abb. 6.6).

Um Diskontinuitäten bei der Anlieferung des Siliergutes ausgleichen zu können, ist der Einsatz eines Puffers als Zwischenlager sinnvoll. In unserem Beispiel ist das Silo sowohl Einlagerungsort als auch Puffer (Abb. 6.7).

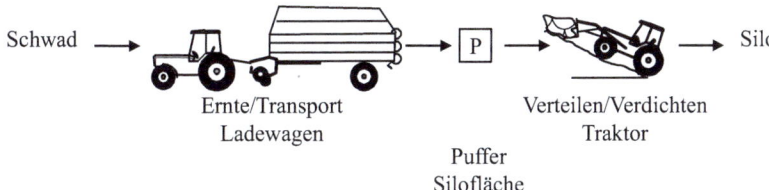

Abb. 6.6 Ernte- und Transportkette mit Puffer bestehend aus Futterladewagen und Traktor zum Verteilen und Verdichten des Futterstocks

Abb. 6.7 Ablage von Erntegut im Silo

Längere Transportketten ergeben sich, wenn das Transportgut auf dem Weg vom Feld zum Lagerort mehrmals umgeschlagen wird. Gründe dafür können darin liegen, dass zwischen dem Transport auf dem Feld und dem Transport auf der Straße eine Trennung vorgenommen wird, um z. B. die Bodenbelastung zu senken.

Die Transportleistung einer Ernte- und Transportkette wird von der Leistung ihrer einzelnen Teilglieder und deren Zusammenspiel in Abhängigkeit von verfügbaren Puffern bestimmt. Zu einem Teilglied in der Ernte- und Transportkette werden gleichartige Einheiten mit gleicher Aufgabe zusammengefasst.

Für eine Berechnung der Transportleistung einer Ernte- und Transportkette ist zu Beginn die **verfahrensspezifische Kapazität** jedes einzelnen Teilgliedes separat, unabhängig von den Bedingungen innerhalb der Transportkette, zu ermitteln (s. Abschn. 6.4.1.1).

Die verfahrensspezifische Kapazität von Erntemaschinen $K_{V\,EM}$ entspricht ihrer Leistung innerhalb der verfahrensspezifischen Arbeitszeit, wenn keine leistungsabhängigen ablaufbedingten Wartezeiten auftreten.

Die verfahrensspezifische Kapazität $K_{V\,TG}$ eines Transportgliedes (Teilglied) ergibt sich aus dem Verhältnis von Lademasse zu Umlaufzeit und der Anzahl der dazugehörigen Transportfahrzeuge, wobei leistungsabhängige ablaufbedingte Wartezeiten nicht berücksichtigt werden (s. Abschn. 6.4.1). Das gilt auch für Umschlagmittel.

$$K_{V\,TG} = \frac{m_L}{t_{wfU}} * n_{TG} \qquad (6.17)$$

$K_{V\,TG}$ *verfahrensspezifische Kapazität des Transportglieds*, m_L *Lademasse eines Transportfahrzeuges*, t_{wfU} *wartezeitfreie Umlaufzeit eines Transportfahrzeuges*, n_{TG} *Anzahl der Transportfahrzeuge des Transportgliedes.*

Steht ein Puffer zwischen zwei benachbarten Teilgliedern zur Verfügung (z. B. Abb. 6.8, Schwadmäher (TG1) und Feldhäcksler (TG2) im *absätzigen Verfahren*), können diese unabhängig voneinander arbeiten und die verfahrensspezifischen Leistungen entsprechen den verfahrensspezifischen Kapazitäten (Tab. 6.12, Variante 1).

Steht kein Puffer zur Verfügung (Abb. 6.8, Feldhäcksler (TG2) mit Transporteinheiten (TG3) im *Parallelverfahren*), herrscht eine Abhängigkeit zwischen den beiden Teilgliedern der Transportkette. Für das leistungsstärkere Teilglied ergeben sich in regelmäßigen Zeitabständen leistungsabhängige ablaufbedingte Wartezeiten (s. Abschn. 6.4.1).

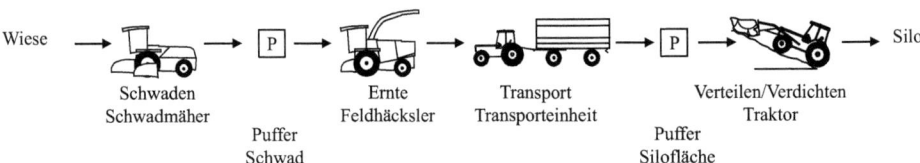

Abb. 6.8 Ernte- und Transportkette bei Anwelksilagebereitung bestehend aus Schwadmäher, Feldhäcksler, Transporteinheiten und Traktor zum Verteilen und Verdichten

6.5 Wirkung von Puffern auf die Transportleistung von Ernte- und Transportketten

Tab. 6.12 Berechnung der verfahrensspezifischen Leistung bei paarweiser Betrachtung der Gliederpaare einer Transportkette

Variante	Beziehung zw. Gliederpaaren	Puffer	verfahrensspezifische Leistung Teilglied	Teilglied
1	unabhängig	unbegrenzt	$\dot{m}_{T_{AB}TG1} = K_{VTG1}$	$\dot{m}_{T_{AB}TG2} = K_{VTG2}$
2a	zeitweise unabhängig	begrenzt	$\dot{m}_{T_{AB}TG3} = K_{VTG3}$	$\dot{m}_{T_{AB}TG4} = K_{VTG4}$
2b		erschöpft	$\dot{m}_{T_{AB}TG3} = \dot{m}_{T_{AB}TG4} = Minimum\left(K_{VTG3}; K_{VTG4}\right)$	
3	abhängig	ohne	$\dot{m}_{T_{AB}TG2} = \dot{m}_{T_{AB}TG3} = Minimum\left(K_{VTG2}; K_{VTG3}\right)$	

$\dot{m}_{T_{AB}TG}$: *verfahrensspezifische Leistung des Teilgliedes der Transportkette;* $K_{V\,TG}$: *verfahrensspezifische Kapazität des Teilgliedes der Transportkette*

Das Teilglied mit der geringeren verfahrensspezifischen Kapazität bestimmt die verfahrensspezifischen Leistungen beider Teilglieder (Tab. 6.12, Variante 3).

Ist der Puffer zwischen zwei Teilgliedern begrenzt (Abb. 6.8, Transporteinheiten (TG3) und die Siloeinlagerung (TG4) mit begrenzter Pufferkapazität, bedingt absätziges Verfahren), können die beiden Teilglieder solange unabhängig voneinander arbeiten, bis der Puffer erschöpft ist (Tab. 6.12, Variante 2a). Danach besteht eine Abhängigkeit zwischen den Teilgliedern und das leistungsschwächere Teilglied bestimmt die gemeinsame Leistungsfähigkeit (Tab. 6.12, Variante 2b).

Die Wirkdauer eines Puffers berechnet sich aus dem Quotienten von Puffergröße zur Differenz aus Eingangsstrom zum Ausgangsstrom.

$$t_{Pu} = \frac{m_{Pu}}{\dot{m}_{Eing} - \dot{m}_{Ausg}} \qquad (6.18)$$

t_{Pu} *Wirkdauer des Puffers,* m_{Pu} *Masseninhalt des Puffers,* $\dot{m}_{Eing}$ *Eingangsmassestrom,* $\dot{m}_{Ausg}$ *Ausgangsmassestrom.*

Am Beispiel des Silomaistransportes sollen die Zusammenhänge demonstriert werden (Tab. 6.13). Der Feldhäcksler mit einer verfahrensspezifischen Kapazität von 100 t/h besitzt keinen Bunker (Puffer). Die fünf Transporteinheiten mit einer Lademasse von jeweils 15 t benötigen für einen Umlauf 40 min. Deren verfahrensspezifische Transportkapazität beträgt somit insgesamt 112,5 t/h Häckselgut (5 * 15 t/h/0,66 h). Die Transporteinheiten sind vom Feldhäcksler abhängig und können deshalb maximal nur die 100 t/h Erntegut übernehmen.

Am Lagerort können maximal 95 t/h Häckselgut eingelagert und verfestigt werden. Zur Kompensation der unzureichenden Einlagerungsleistung soll am Silo ein Zwischenlagerplatz (Puffer) für eine Menge von maximal 2 Transporteinheiten (30 t) angelegt werden. Die Wirkdauer des Zwischenpuffers berechnet sich wie folgt:

$$t_{Pu} = \frac{m_{Pu}}{\dot{m}_{TE} - \dot{m}_{Silo}} = \frac{30\,t}{100\,t/h - 95\,t/h} = 6\,h \qquad (6.19)$$

Tab. 6.13 Verfahrensspezifische Kapazitäten und verfahrensspezifische Leistungen einer Ernte- und Transportkette in der Silomaisernte in Abhängigkeit vom Puffer

Feldhäcksler	Transporteinheiten	Einlagerung
verfahrensspezifische Kapazitäten der Arbeitseinheiten		
$K_{V\,EM} = 100\,\dfrac{t}{h}$	$K_{V\,TE} = \dfrac{m_L * n_{TE}}{t_U} = 112{,}5\,\dfrac{t}{h}$	$K_{V\,Silo} = 95\,\dfrac{t}{h}$
verfahrensspezifische Leistungen bei verfügbarer Pufferfläche am Silo 07:00 bis 13:00 Uhr; Puffer 6 h verfügbar		
$\dot{m}_{T_{AB}EM} = \dot{m}_{T_{AB}TE} = min\left(K_{V\,EM}, K_{V\,TE}\right) = min\left(100\,\dfrac{t}{h}; 112{,}5\,\dfrac{t}{h}\right)$		$\dot{m}_{T_{AB}Silo} = K_{V\,Silo}$
$\dot{m}_{T_{AB}EM} = 100\,\dfrac{t}{h}$	$\dot{m}_{T_{AB}TE} = 100\,\dfrac{t}{h}$	$\dot{m}_{T_{AB}Silo} = 95\,\dfrac{t}{h}$
verfahrensspezifische Leistungen bei erschöpftem Puffer 13:00 bis 19:00 Uhr		
$\dot{m}_{T_{AB}TE} = min\left(K_{V\,TE}, K_{V\,Silo}\right) = min\left(112{,}5\,\dfrac{t}{h}; 95\,\dfrac{t}{h}\right)$		
$\dot{m}_{T_{AB}EM} = min\left(K_{V\,EM}, \dot{m}_{T_{AB}TE}\right) = min\left(100\,\dfrac{t}{h}; 95\,\dfrac{t}{h}\right)$		
$\dot{m}_{T_{AB}Silo} = min\left(K_{V\,TE}, K_{V\,Silo}\right) = min\left(112{,}5\,\dfrac{t}{h}; 95\,\dfrac{t}{h}\right)$		
$\dot{m}_{T_{AB}EM} = 95\,\dfrac{t}{h}$	$\dot{m}_{T_{AB}TE} = 95\,\dfrac{t}{h}$	$\dot{m}_{T_{AB}Silo} = 95\,\dfrac{t}{h}$

K_V: verfahrensspezifische Kapazität; EM: Feldhäcksler; TE: Transporteinheiten; Silo: mobile Einlagerungstechnik; m_L: Lademasse der Transporteinheiten; n_{TE}: Anzahl der Transporteinheiten; t_U: Umlaufzeit der Transporteinheiten; $\dot{m}_{T_{AB}}$: verfahrensspezifische Leistung

Die 5 Transporteinheiten erreichen bei verfügbarer Pufferfläche am Silo in der Zeit von 07:00 bis 13:00 Uhr (6 h) eine verfahrensspezifische Leistung von 100 t/h (s. Tab. 6.13). Die Transporteinheiten sind von der Leistung des Feldhäckslers abhängig.

In den darauffolgenden 6 h (13:00 bis 19:00 Uhr) kann nur noch so viel Masse angeliefert werden, wie im Silo verarbeitet werden kann (95 t/h).

Am Ende des Tages muss der Traktor zur Siliergutlagerung noch ca. 19 min länger als die Ernte- und Transportkette arbeiten, um den Puffer von 30 t abzuarbeiten.

Auf der Basis der verfahrensspezifischen Leistung der Ernte- und Transportkette kann dann die Tagesleistung des Erntekomplexes berechnet werden. Mit 6 h zu 100 t/h und 6 h zu 95 t/h verfahrensspezifischer Leistung des Feldhäckslers ergibt sich eine Erntemasse für den Tag von 1170 t. Die gleiche Erntemenge ergibt sich auch für die Einlagerung mit 12 h und 19 min bei einer verfahrensspezifischen Leistung von 95 t/h.

6.6 Verzweigte Transportketten

Erntemaschinen und Transportfahrzeuge bilden Ernte- und Transportketten. Zu ihrer Darstellung werden im Folgenden die beteiligten Maschinen in Textfeldern und die Übergabevorgänge als Pfeile dargestellt. Jedes Glied der Kette repräsentiert einen Maschinentyp. Je mehr Fahrzeuge zum Einsatz kommen, desto umfänglicher kann die Transportkette werden.

Mehrere Maschinen bzw. mehrere Transportfahrzeuge gleichen Typs können zu einem Glied zusammengefasst und deren Durchsätze, Kosten, Energiebedarfe usw. für weitere Berechnungen addiert werden, wenn sie gleiche verfahrenstechnische Eigenschaften aufweisen.

Zusammenlaufende Ernte- und Transportketten entstehen u. a., wenn zwei verschiedene Transportketten in ein Lager führen (Abb. 6.9, Transportkette Feld 1 und Feld 2). Werden Mähdrescher unterschiedlichen Typs mit unterschiedlicher Leistung oder Bunkergröße auf einem Feld eingesetzt, haben diese unterschiedliche Abbunkerrhythmen und werden als eigenständige Glieder in der Kette dargestellt (Abb. 6.9, Mähdrescher Typ 1 und Typ 2).

Bei zusammenlaufenden Transportketten ergibt sich der Massestrom für das übernehmende Glied der Transportkette $\dot{m}_{Ausg}$ (z. B. Überladewagen) aus der Summe der Massenströme $\dot{m}_{Eing}$, die zu diesem Transportglied hinführen.

$$\dot{m}_{Ausg} = \sum \dot{m}_{Eing} \quad (6.20)$$

$$\dot{m}_{ulw} = \dot{m}_{MDTyp1} + \dot{m}_{MDTyp2} \quad (6.21)$$

$$\dot{m}_{ulw} = 35\frac{t}{h} + 40\frac{t}{h} = 75\frac{t}{h}$$

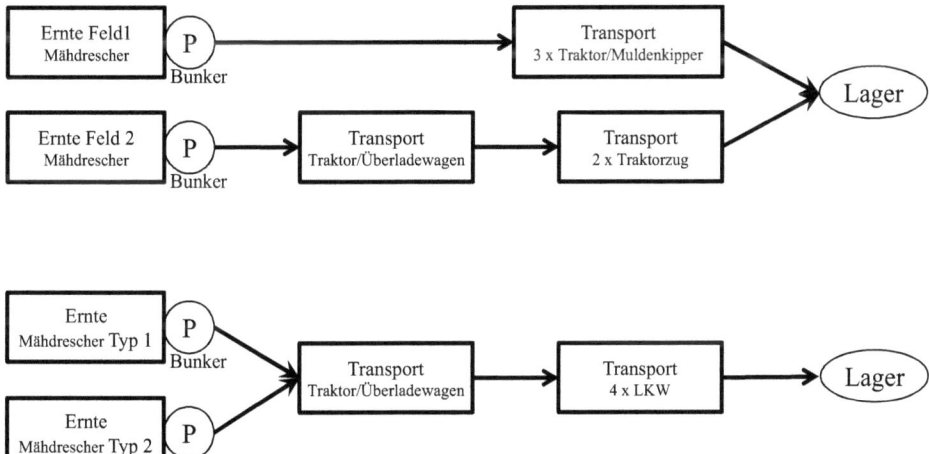

Abb. 6.9 Zusammenlaufende Ernte- und Transportketten in der Getreideernte

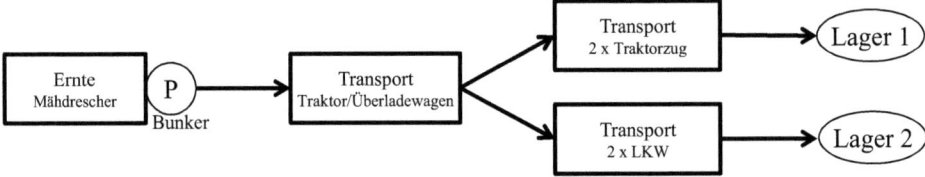

Abb. 6.10 Sich teilende Ernte- und Transportkette in der Getreideernte

$\dot{m}_{Ausg}$: *Transportleistung des übernehmenden Transportgliedes*, $\dot{m}_{Eing}$: *Leistung der hinführenden Transportglieder*, $\dot{m}_{ulw}$: *Transportleistung des Überladewagens*, $\dot{m}_{MDTyp1}$: *Leistung der Mähdrescher vom Typ1.*

Können für einen Abschnitt in der Ernte- und Transportkette die Transporteinheiten nicht zusammengefasst werden (sie haben z. B. keine gemeinsame Lademassenzykluszeit, s. Abschn. 6.4.1.2), ergibt sich eine sich teilende Transportkette. Wenn der Transport in verschiedene Lager erfolgt, teilen sich die Transportketten ebenfalls auf (Abb. 6.10).

Die Aufteilung des Massestroms bei sich teilenden Transportketten ist proportional den verfahrensspezifischen Kapazitäten $K_{V\,TE}$ der Teilketten. Wenn die verfahrensspezifische Kapazität einer Teilkette z. B. doppelt so groß wie die der anderen ist, ergibt sich eine Aufteilung des Massestroms von 2:1.

$$\dot{m}_{TEi} = \dot{m}_{Eing} * \frac{K_{V\,TEi}}{\sum K_{V\,TE}} \qquad (6.22)$$

Beispiel:
Ein Überladewagen hat eine Leistung von 75 t/h. Der Abtransport erfolgt in zwei unterschiedliche Lager. Die verfahrensspezifischen Kapazitäten der beiden übernehmenden Transportketten betragen 30 t/h bzw. 60 t/h. Die tatsächliche verfahrensspezifische Leistung (Transportleistung) berechnet sich für die eine Transportkette mit $\dot{m}_{TE1}$ = 25 t/h und für die andere Transportkette mit $\dot{m}_{TE2}$ = 50 t/h.

$$\dot{m}_{TE1} = 75\frac{t}{h} * \frac{30\frac{t}{h}}{30\frac{t}{h} + 60\frac{t}{h}} = 25\,t/h$$

$$\dot{m}_{TE2} = 75\frac{t}{h} * \frac{60\frac{t}{h}}{30\frac{t}{h} + 60\frac{t}{h}} = 50\,t/h$$

6.7 Berechnung der Transportleistung komplexer Transportketten mittels Kapazitätsmethode

Unter den konkreten Bedingungen eines Landwirtschaftsbetriebes kommen häufig ungleichartige Erntemaschinen und Transportfahrzeuge zum Einsatz, die zu unterschiedlichen Belade- und Umlaufzeiten und zu verzweigten Transportketten führen können. Um komplexe Transportketten berechnen zu können, werden diese im Folgenden als kontinuierlich arbeitende Systeme betrachtet (Fechner 2016).

Zur Berechnung der verfahrensspezifischen Leistung von Erntemaschinen und Transportfahrzeugen wird die Kapazitätsmethode genutzt, die am Beispiel einer Ernte- und Transportkette in der Getreideernte veranschaulicht werden soll.

Es kommen zwei Mähdrescher des Typs A und zwei Mähdrescher des Typs B zum Einsatz. Für den Transport auf dem Feld werden zwei Überladewagen vom Typ C und Typ D eingesetzt. Den Transport auf der Straße übernehmen drei Traktorzüge und drei LKW. Diese fahren sowohl ins hofeigene Lager (je ein Transportfahrzeug E und F) als auch zum Landhandel (je zwei Transportfahrzeuge G und H).

In Abhängigkeit davon, wie Mähdrescher, Überladewagen und Transportfahrzeuge auf dem Feld einander zugeordnet sind, ergeben sich unterschiedliche Ernte- und Transportketten. In Abb. 6.11 sind 3 verschiedene Möglichkeiten dargestellt.

In der Einsatzvariante 1 arbeiten alle vier Mähdrescher (Typ A und Typ B) in einem Beet und werden von zwei Überladewagen des Typs C und des Typs D bedient. Die Überladewagen fahren die Mähdrescher gleichberechtigt an und übernehmen das Erntegut parallel zum Dreschen.

Für den Transport auf der Straße sind 1 Traktorzug mit Anhänger (E) und 1 LKW (F) mit dem Ziel Hoflager im Einsatz. Jeweils zwei weitere Transportfahrzeuge (G: Traktorzug mit Anhänger und H: LKW) transportieren das Erntegut zum Landhandel. Die Straßentransportfahrzeuge werden in der Reihenfolge ihrer Feldankunft auf dem Vorgewende beladen.

In Einsatzvariante 2 Dreschen jeweils zwei Mähdrescher gemeinsam in einem Beet auf dem gleichen Feld. In jedem Beet übernimmt jeweils ein Überladewagen das Erntegut parallel zum Dreschen. Von den beiden Überladewagen werden die Straßentransportfahrzeuge wie in Einsatzvariante 1 in der Reihenfolge ihrer Feldankunft auf dem Vorgewende beladen.

In Einsatzvariante 3 wird die Ernte- und Transporttechnik in zwei separate Erntekomplexe aufgeteilt. Diese arbeiten auf unterschiedlichen Feldern und bestehen aus jeweils zwei Mähdreschern, einem Überladewagen und 2 bzw. 4 Transportfahrzeugen.

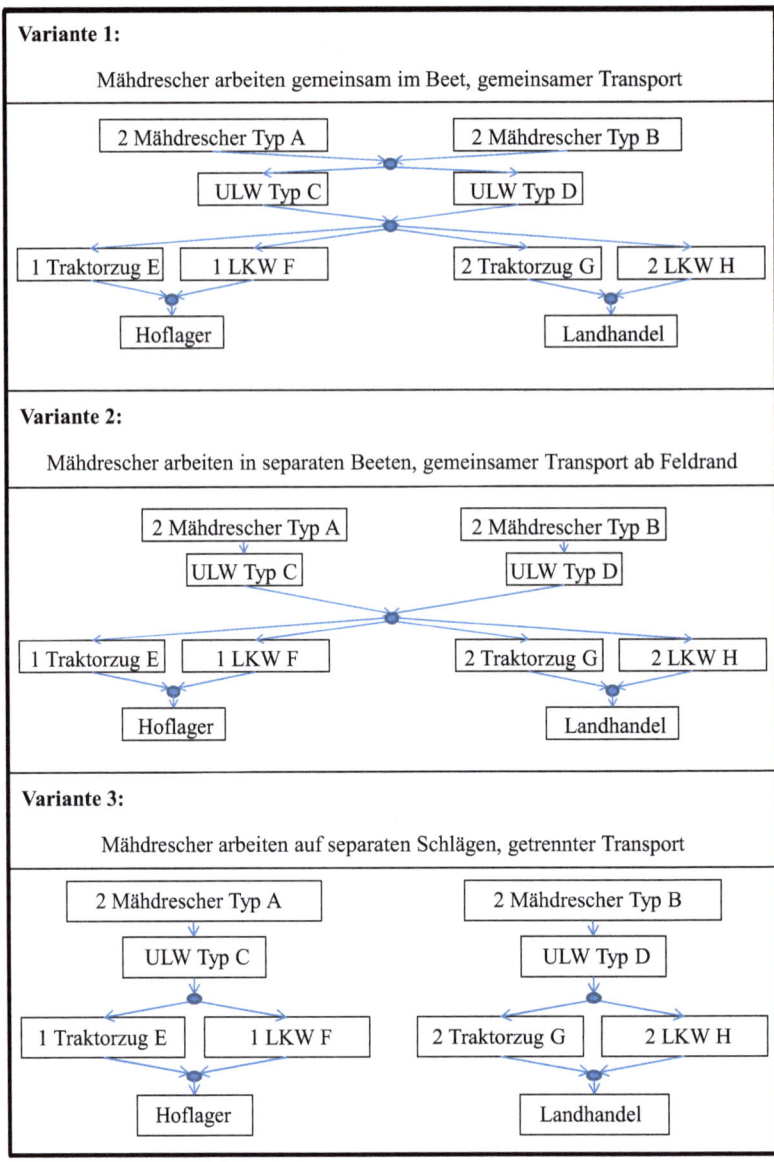

Abb. 6.11 Ausgewählte Einsatzvarianten der Zuordnung von Mähdreschern, Überladewagen (ULW) und Transportfahrzeugen

6.7.1 Berechnung der verfahrensspezifischen Kapazitäten für Einsatzvariante 1

Die Berechnung der verfahrensspezifischen Leistung von komplexen Ernte- und Transportketten erfolgt in Abhängigkeit von ihren verfahrensspezifischen Kapazitäten.

6.7 Berechnung der Transportleistung komplexer Transportketten mittels ...

Tab. 6.14 Verfahrensspezifische Kapazitäten von Mähdreschern, Überladewagen und Transportfahrzeugen am Beispiel eines Erntekomplexes (Abb. 6.11, Einsatzvariante 1)

Bezeichnung	Anzahl	Lademasse je Einheit	wartezeitfreie Umlaufzeit[1]	verfahrensspezifische Kapazität K_V je Einheit
	–	t	min	t/h
Mähdrescher Typ A	2			30
Mähdrescher Typ B	2			35
Überladewagen Typ C	1	19,5	19	61,6
Überladewagen Typ D	1	28,5	22	77,7
Transportfahrzeug E, Traktor, Ziel: Hoflager	1	20	44	27,3
Transportfahrzeug F, LKW, Ziel: Hoflager	1	26	43	36,3
Transportfahrzeug G, Traktor, Ziel: Landhandel	2	21	71,1	17,7
Transportfahrzeug H, LKW, Ziel: Landhandel	2	25	63	23,8

[1] t_{wfU} Umlaufzeit ohne leistungsabhängige ablaufbedingte Wartezeit

Die verfahrensspezifische Kapazität der Erntemaschinen wird hauptsächlich vom Maschinentyp und den herrschenden Erntebedingungen bestimmt.

Bei Transportfahrzeugen ergibt sich die verfahrensspezifische Kapazität aus dem Quotienten von Lademasse (m_L) zu wartezeitfreier Umlaufzeit (t_{wfU}, s. Abschn. 6.4.1.2).

In Tab. 6.14 sind die Kapazitäten für Einsatzvariante 1 des Beispiels des Getreideerntekomplexes dargestellt.

Für die Mähdrescher wird im Beispiel eine verfahrensspezifische Kapazität K_V von jeweils 30 t/h bzw. 35 t/h festgelegt.

Für den Überladewagen Typ C berechnet sich bei einer Lademasse von 19,5 t und einer wartezeitfreien Umlaufzeit t_{wfU} von 19 min eine verfahrensspezifische Kapazität von 61,6 t/h.

$$K_{V\,ULW\,C} = \frac{m_L}{t_{wfU}} = \frac{19,5\,t}{19\,min} = 61,6\,t/h \qquad (6.23)$$

Für den LKW mit dem Transportziel des eigenen Hoflagers (Typ F) beträgt bei einer Lademasse von 26 t und einer wartezeitfreien Umlaufzeit von 43 min die verfahrensspezifische Kapazität 36,3 t/h.

$$K_{V\,LKW\,F} = \frac{m_L}{t_{wfU}} = \frac{26\,t}{43\,min} = 36,3\,t/h \qquad (6.24)$$

Sind die verfahrensspezifischen Kapazitäten der einzelnen Glieder der Ernte- und Transportglieder bekannt, kann berechnet werden, in welcher Höhe leistungsabhängige ablaufbedingte Wartezeiten auftreten und welche verfahrensspezifischen Leistungen erreicht werden.

6.7.2 Gleichungssystem und Berechnung der verfahrensspezifischen Leistungen für Einsatzvariante 1

Zur Berechnung der verfahrensspezifischen Leistungen werden die verfahrensspezifischen Kapazitäten und die Beziehungen und Abhängigkeiten innerhalb der Ernte- und Transportkette in ein lineares Gleichungssystem übertragen.

Lineare Gleichungssysteme bestehen aus einer Anzahl von n unbekannten Variablen und sind üblicherweise bei Vorhandensein von n voneinander unabhängigen Gleichungen lösbar.

In unserem Beispiel stellen die gesuchten verfahrensspezifischen Leistungen der Erntemaschinen und der Transportfahrzeuge 8 Unbekannte eines linearen Gleichungssystems dar. Zu Ihrer Berechnung benötigen wir 8 voneinander unabhängige Gleichungen, die die Ernte- und Transportkette beschreiben.

Ist das lineare Gleichungssystem aufgestellt und gelöst, enthält der Lösungsvektor genau die 8 verfahrenstechnischen Leistungen der Erntemaschinen und der Transportfahrzeuge, mit denen alle 8 Gleichungen des linearen Gleichungssystems erfüllt werden können.

In Anlehnung an die Kirchhoffschen Regeln in der Elektrotechnik werden ein Teil der Gleichungen auf Basis der Knotenpunktregel aufgestellt.

Für einen Knotenpunkt gilt, dass die Summe der zu einem Knotenpunkt bzw. Übergabepunkt zugeführten Massenströme gleich der Summe der abfließenden Massenströme ist.

Für die Einsatzvariante 1 aus dem Beispiel der Abb. 6.11 gelten laut Knotenpunktregel die Gleichungen I und II:

I. Die Summe der verfahrensspezifischen Leistungen der Mähdrescher $\dot{m}_{MD}$ entspricht der Summe der verfahrensspezifischen Leistungen der Überladewagen $\dot{m}_{ULW}$:

$$2 * \dot{m}_{MD\,Typ\,A} + 2 * \dot{m}_{MD\,Typ\,B} = \dot{m}_{ULW\,Typ\,C} + \dot{m}_{ULW\,Typ\,D} \tag{6.25}$$

In die allgemeine Form umgewandelt, lautet die Gleichung:

$$2 * \dot{m}_{MD\,Typ\,A} + 2 * \dot{m}_{MD\,Typ\,B} - \dot{m}_{ULW\,Typ\,C} - \dot{m}_{ULW\,Typ\,D} = 0 \tag{6.26}$$

II. Die Summe der verfahrensspezifischen Leistungen der beiden Überladewagen (ULW) entspricht der Summe der verfahrensspezifischen Leistungen der übernehmenden Straßentransportfahrzeuge (TE).

$$\dot{m}_{ULW\,Typ\,C} + \dot{m}_{ULW\,Typ\,D} - \dot{m}_{TE\,E} - \dot{m}_{TE\,F} - 2\dot{m}_{TE\,G} - 2\dot{m}_{TE\,H} = 0 \tag{6.27}$$

Weitere Gleichungen ergeben sich aus der Aufteilung der Massenströme.

III. Massenstromaufteilung von den Mähdreschern zu den Überladewagen Typ C und Typ D:

6.7 Berechnung der Transportleistung komplexer Transportketten mittels ...

In Einsatzvariante 1 des Beispiels aus Abb. 6.11 übernehmen zwei Überladewagen das Erntegut von den Mähdreschern. Aus dem Verhältnis der verfahrensspezifischen Kapazitäten der Überladewagen zu einander ergibt sich ihr Anteil am Massestrom der Mähdrescher (s. Abschn. 6.6).

Ihre verfahrensspezifischen Kapazitäten werden mit Hilfe der Faktoren F_C und F_D im linearen Gleichungssystem berücksichtigt. Ein Faktor F ergibt sich aus dem Kehrwert der verfahrensspezifischen Kapazität ($K_{V\,C}$, $K_{V\,D}$). (Die Multiplikation mit der Zahl 1000 hat keinen Einfluss auf das Lösungsergebnis des linearen Gleichungssystems und dient der besseren Schreibweise).

$$Faktor\ F_C = \frac{1000}{K_{VC}} = \frac{1000}{61,6} = 16,24 \qquad (6.28)$$

$$Faktor\ F_D = \frac{1000}{K_{VD}} = \frac{1000}{77,7} = 12,87 \qquad (6.29)$$

Die Vorzeichen in der Gleichung werden von der Position in der Verzweigung bestimmt (Abb. 6.11, Einsatzvariante 1). Bei paarweisem Vergleich wird die linke Teilkette positiv und die rechte Teilkette negativ in der Gleichung angesetzt (s. Anhang 9.2.4).

$$F_C * \dot{m}_{ULW\,C} - F_D * \dot{m}_{ULW\,D} = 0 \qquad (6.30)$$

$$16,24 * \dot{m}_{ULW\,C} - 12,87 * \dot{m}_{ULW\,D} = 0 \qquad (6.31)$$

Die Kornmassen der beiden Überladewagen werden von den 4 verschiedenen Straßentransportfahrzeugen (Transportkettenglieder TE E, TE F, TE G, TE H) übernommen. Die folgenden drei Gleichungen bilden die Aufteilung der Masseströme von den Überladewagen in die 4 Teilströme der übernehmenden Transportfahrzeuge ab. Aus den verfahrensspezifischen Kapazitäten werden die zugehörigen Faktoren F_E, F_F, F_G und F_H berechnet und anschließend paarweise in Gleichungen eingesetzt.

IV. Massestromaufteilung zwischen Traktorzug (E) und Lkw-Sattelauflieger (F) bei Transport ins eigene Hoflager.

$$Faktor\ F_E = \frac{1000}{K_{VE}} = \frac{1000}{27,3} = 36,67 \qquad (6.32)$$

$$Faktor\ F_F = \frac{1000}{K_{VF}} = \frac{1000}{36,3} = 27,56 \qquad (6.33)$$

$$F_E * \dot{m}_{TE\,E} - F_F * \dot{m}_{TE\,F} = 0 \qquad (6.34)$$

$$36,67 * \dot{m}_{TE\,E} - 27,56 * \dot{m}_{TE\,F} = 0 \qquad (6.35)$$

V. Massestromaufteilung zwischen Lkw-Sattelauflieger (F) bei Transport ins eigene Hoflager und Traktorzug bei Transport zum Landhandel (G).

$$\text{Faktor } F_G = \frac{1000}{K_{VG}} = \frac{1000}{17{,}7} = 56{,}46 \qquad (6.36)$$

$$F_F * \dot{m}_{TEF} - F_G * \dot{m}_{TEG} = 0 \qquad (6.37)$$

$$27{,}56 * \dot{m}_{TEF} - 56{,}46 * \dot{m}_{TEG} = 0 \qquad (6.38)$$

VI. Massestromaufteilung zwischen Traktorzug (G) und Lkw-Sattelauflieger (H) bei Transport zum Landhandel.

$$\text{Faktor } F_H = \frac{1000}{K_{VH}} = \frac{1000}{23{,}8} = 42{,}00 \qquad (6.39)$$

$$F_G * \dot{m}_{TEG} - F_H * \dot{m}_{TEH} = 0 \qquad (6.40)$$

$$56{,}46 * \dot{m}_{TEG} - 42{,}00 * \dot{m}_{TEH} = 0 \qquad (6.41)$$

Die noch fehlenden zwei Gleichungen beziehen sich auf die verfahrensspezifische Leistung der Mähdrescher. Da bei den Mähdreschern keine ablaufbedingten Wartezeiten auftreten sollen, wird ihre verfügbare Kapazität ausgenutzt und die verfahrensspezifischen Leistungen entsprechen den verfahrensspezifischen Kapazitäten.

In unserem Beispiel:

VII. Die verfahrensspezifische Leistung aller Mähdrescher beträgt insgesamt 130 t/h.

$$2 * \dot{m}_{MDA} + 2 * \dot{m}_{MDB} = 130 \text{t/h} \qquad (6.42)$$

VIII. Die beiden Mähdrescher vom Typ A erreichen eine verfahrensspezifische Leistung von 60 t/h.

$$2 * \dot{m}_{MDA} = 60 \text{t/h} \qquad (6.43)$$

Bei der Aufstellung des linearen Gleichungssystems ist zu beachten:

- Jedes Glied der Ernte- und Transportkette muss im Gleichungssystem mindestens einmal enthalten sein.
- Alle Gleichungen müssen voneinander verschieden und unabhängig sein.
- Die Gleichungen dürfen sich nicht widersprechen.

Tab. 6.15 Koeffizientenmatrix und Ergebnisvektor eines linearen Gleichungssystems zur Abbildung der Transportkette aus Abb. 6.11, Einsatzvariante 1, in der Getreideernte

$\dot{m}_{MDA}$	$\dot{m}_{MDB}$	$\dot{m}_{ULWC}$	$\dot{m}_{ULWD}$	$\dot{m}_{TEE}$	$\dot{m}_{TEF}$	$\dot{m}_{TEG}$	$\dot{m}_{TEH}$	Ergebnisvektor	Gleichung
2	2	−1	−1	0	0	0	0	0	7,26
0	0	1	1	−1	−1	−2	−2	0	7,27
0	0	16,24	−12,87	0	0	0	0	0	7,31
0	0	0	0	36,67	−27,56	0	0	0	7,35
0	0	0	0	0	27,56	−56,46	0	0	7,38
0	0	0	0	0	0	56,46	−42,00	0	7,41
2	2	0	0	0	0	0	0	130	7,42
2	0	0	0	0	0	0	0	60	7,43

MD A: *Mähdrescher Typ A*, ULW C: *Überladewagen Typ C*, TE E: *Transporteinheit vom Typ E*

Tab. 6.16 Verfahrensspezifische Kapazitäten, verfahrensspezifische Leistungen, zeitliche Ausnutzung und leistungsabhängige ablaufbedingte Wartezeiten der eingesetzten Erntemaschinen und Transportfahrzeuge aus Abb. 6.11, Einsatzvariante 1

		Erntemaschinen und Transportfahrzeuge							
		Erntemaschinen		1. Transportstufe		2. Transportstufe			
		MD A	MD B	ULW C	ULW D	TE E	TE F	TE G	TE H
Kapazität[1]	t/h$_{TAB}$	30	35	61,6	77,7	27,3	36,3	17,7	23,8
Leistung[2]	t/h$_{TAB}$	**30,0**	**35,0**	**57,5**	**72,5**	**24,2**	**32,2**	**15,7**	**21,1**
Ausnutzung[3]	%	100	100	93	93	89	89	89	89
Wartezeit[4]	min	0	0	1,4	1,6	5,6	5,5	9,1	8,0

[1] *verfahrensspezifische Kapazität,* [2] *verfahrensspezifische Leistung,* [3] *Ausnutzung der verfahrensspezifischen Kapazität,* [4] *leistungsabhängige ablaufbedingte Wartezeit (t_{WFU}/Ausnutzung-t_{WFU}),* MD A: *Mähdrescher Typ A*, ULW C: *Überladewagen Typ C*, TE F: *Transporteinheit vom Typ F*

Für die 8 Glieder der Ernte- und Transportkette im Beispiel ergibt sich ein lineares Gleichungssystem, das in Tab. 6.15 dargestellt ist. Die Spalten beinhalten die Koeffizientenmatrix sowie die vorletzte Spalte den Ergebnisvektor. Die Gestaltung der Tabelle ist so gewählt, dass das Gleichungssystem mittels Matrizenrechnung gelöst werden kann. Dazu stehen Mathematiktools zur Verfügung. Auch Tabellenkalkulationssoftware bietet Funktionen zum Lösen von Gleichungssystemen.

Die beiden ersten Zeilen basieren auf den Gleichungen 6.26 und 6.27 der Knotenpunktregel. Die Zeilen drei bis sechs beschreiben die Aufteilung der Massenströme aus den Gleichungen 6.31, 6.35, 6.38, 6.41. Die beiden letzten Zeilen bilden die verfahrensspezifische Leistung der Mähdrescher ab (s. Gleichungen 6.42 und 6.43).

Nach dem Lösen des Gleichungssystems enthält der Lösungsvektor die verfahrensspezifischen Leistungen der einzelnen Glieder der Transportkette (Tab. 6.16, Zeile 2). Setzt man den verfahrensspezifischen Leistungen die verfahrensspezifischen Kapazitäten aus Tab. 6.14 gegenüber, erhält man die prozentuale Ausnutzung der verfahrensspezifische Kapazität der eingesetzten Ernte- und Transporttechnik.

Aus Tab. 6.16, Zeile 3 geht hervor, dass die Ausnutzung der Mähdrescher wie vorgegeben 100 % beträgt. Beide Überladewagen arbeiten gleichberechtigt mit einer Auslastung von 93 %. Die leistungsabhängige ablaufbedingte Wartezeit umfasst im Durchschnitt einen Zeitanteil von 7 % (100 %–93 %). Sie beträgt für die beiden Überladewagen 1,4 bzw. 1,6 min je Umlauf. Überladewagen Typ C transportiert im Durchschnitt 57,5 t/h und Überladewagen Typ D 72,5 t/h.

Die durchschnittliche Kapazitätsausnutzung der Straßentransportfahrzeuge (2. Transportstufe: TE E … TE H) liegt bei 89 %. Pro Fahrzeug sind ca. 11 % ablaufbedingte Wartezeit zu erwarten. Abhängig von der Umlaufzeit berechnen sich für die ablaufbedingten Wartezeiten der Straßentransportfahrzeuge Werte zwischen 5,6 und 9,1 min.

In das Hoflager werden 56,4 t/h und zum Landhandel 73,6 t/h transportiert.

In unserem Beispiel wurden nur sehr geringe Überkapazitäten vorgehalten. Die landwirtschaftliche Praxis setzt dagegen häufig erheblich höhere Überkapazitäten ein, um auch bei hohem Verkehrsaufkommen, im Tagesverlauf steigenden Durchsätzen und langen Wartezeiten beim Landhandel einen Stillstand der Mähdrescher weitgehend zu vermeiden. Das führt zu längeren Wartezeiten bei den Transportfahrzeugen als im Beispiel berechnet.

6.7.3 Gleichungssystem und Berechnung der verfahrensspezifischen Leistungen für Einsatzvariante 3

Für die Einsatzvariante 3 in Abb. 6.11, bei dem die Erntemaschinen und Transportfahrzeuge in zwei separaten Erntekomplexen arbeiten, wird im Folgenden das zugehörige lineare Gleichungssystem aufgestellt.

Zur Berechnung der verfahrensspezifischen Kapazitäten ist bei Einsatzvariante 3 die Lademassenzykluszeit zu beachten. Bei der Einsatzvariante 1 (alle arbeiten gemeinsam in einem Erntekomplex) musste die Lademassenzykluszeit nicht berücksichtigt werden. Es gab keine feste Beladereihenfolge der Transportfahrzeuge, da einerseits zwei Überladewagen gemeinsam auf dem Feld die Transportfahrzeuge beladen und andererseits sich die zwei parallelen Transportketten ergänzen (Transport in zwei Lager).

Bei Einsatzvariante 3 mit zwei an verschiedenen Einsatzorten arbeitenden Erntekomplexen gibt es für jeden Einsatzort nur eine Transportkette. Wie in Abschn. 6.4.1.2 erläutert, muss hier die jeweilige Lademassenzykluszeit t_{LMZ} länger als die wartezeitfreie Umlaufzeit t_{wfU} der zugehörigen Straßentransportfahrzeuge sein, um ablaufbedingte Wartezeit der Erntemaschinen zu vermeiden.

In Tab. 6.17 ist die Berechnung der verfahrensspezifischen Kapazitäten dargestellt.

Für den LKW mit dem Transportziel des eigenen Hoflagers (Typ F) beträgt die verfahrensspezifische Kapazität 33,9 t/h.

$$K_{V\,LKW\,F} = \frac{m_L}{t_{LMZ}} = \frac{26\,t}{46\,min} = 33,9\,t/h \tag{6.44}$$

6.7 Berechnung der Transportleistung komplexer Transportketten mittels ...

Tab. 6.17 Verfahrensspezifische Kapazitäten von Mähdreschern, Überladewagen und Transportfahrzeugen am Beispiel eines Erntekomplexes (Abb. 6.11, Einsatzvariante 3)

Bezeichnung	Anzahl	Lademasse je Transporteinheit	wartezeitfreie Umlaufzeit	Lademassenzykluszeit	verfahrensspezifische Kapazität K_V je Transporteinheit
	–	t	min	min	t/h
Mähdrescher Typ A	2	–	–	–	30
Mähdrescher Typ B	2	–	–	–	35
Überladewagen Typ C	1	19,5	19	–	61,6
Überladewagen Typ D	1	28,5	22	–	77,7
Transportfahrzeug E, Traktor, Ziel: Hoflager	1	20	44	46[1]	26,1[3]
Transportfahrzeug F, LKW, Ziel: Hoflager	1	26	43	46[1]	33,9
Transportfahrzeug G, Traktor, Ziel: Landhandel	2	21	71,1	79[2]	16,0[4]
Transportfahrzeug H, LKW, Ziel: Landhandel	2	25	63,0	79[2]	19,0

[1] $t_{LMZ} = (20\,t + 26\,t)/(60\,t/h) = 46\,min$ [2] $t_{LMZ} = (2*21\,t + 2*25\,t)/(70\,t/h) = 79\,min$ [3] $K_{V\,TE\,G} = m_L/t_{LMZ} = 20\,t/46\,min = 26,1\,t/h$ [4] $K_{V\,TE\,G} = m_L/t_{LMZ} = 21\,t/79\,min = 16,0\,t/h$

Tab. 6.18 Koeffizientenmatrix und Ergebnisvektor eines linearen Gleichungssystems zur Abbildung der Transportkette aus Abb. 6.11, Einsatzvariante 3, in der Getreideernte

$\dot{m}_{MD\,A}$	$\dot{m}_{ULW\,C}$	$\dot{m}_{TE\,E}$	$\dot{m}_{TE\,F}$	$\dot{m}_{MD\,B}$	$\dot{m}_{ULW\,D}$	$\dot{m}_{TE\,G}$	$\dot{m}_{TE\,H}$	Ergebnisvektor	Gleichung
2	0	0	0	0	0	0	0	60	1
2	–1	0	0	0	0	0	0	0	2
0	1	–1	–1	0	0	0	0	0	3
0	0	38,33	–29,49	0	0	0	0	0	4
0	0	0	0	2	0	0	0	70	1
0	0	0	0	2	–1	0	0	0	2
0	0	0	0	0	1	–2	–2	0	3
0	0	0	0	0	0	62,59	–52,57	0	4

MD A: *Mähdrescher Typ A*, ULW C: *Überladewagen Typ C*, TE E: *Transporteinheit vom Typ E*

In Tab. 6.18 ist die Koeffizientenmatrix dargestellt. Für jeden Erntekomplex ergeben sich eine Gleichung durch Vorgabe der verfahrensspezifischen Kapazität der Mähdrescher (1), zwei Gleichungen durch die Anwendung der Knotenpunktregel (2, 3) und eine Gleichung bei Aufteilung des Massestromes auf die zwei verschiedenen Transportfahrzeuge (4).

Tab. 6.19 Verfahrensspezifische Kapazitäten, verfahrensspezifische Leistungen, zeitliche Ausnutzung und leistungsabhängige ablaufbedingte Wartezeiten der eingesetzten Erntemaschinen und Transportfahrzeuge aus Abb. 6.11, Einsatzvariante 3

		Erntemaschinen und Transportfahrzeuge							
		Erntekomplex 1				Erntekomplex 2			
		MD A	ULW C	TE E	TE F	MD B	ULW D	TE G	TE H
Kapazität[1]	t/h$_{T\,AB}$	30,0	61,6	27,3	36,3	35,0	77,7	17,7	23,8
Leistung[2]	t/h$_{T\,AB}$	**30,0**	**60,0**	**26,1**	**33,9**	**35,0**	**70,0**	**16,0**	**19,0**
Ausnutzung[3]	%	100 %	97 %	96 %	93 %	100 %	90 %	90 %	80 %
Wartezeit[4]	%	0	0,5	2,0	3,0	0	2,4	7,7	15,9

[1]*verfahrensspezifische Kapazität K_V,* [2]*verfahrensspezifische Leistung $\dot{m}_{T\,AB}$,* [3]*Ausnutzung der verfahrensspezifischen Kapazität,* [4]*leistungsabhängige ablaufbedingte Wartezeit*
MD A: *Mähdrescher Typ A*, ULW C: *Überladewagen Typ C*, TE F: *Transporteinheit vom Typ F*

Tab. 6.19 zeigt die Lösung des linearen Gleichungssystems (verfahrensspezifische Leistungen), die Ausnutzung der verfahrensspezifischen Kapazitäten und die leistungsabhängigen ablaufbedingten Wartezeiten.

Im Erntekomplex 1 der Einsatzvariante 3 beträgt die Ausnutzung des Überladewagens 97 % und der Straßentransportfahrzeuge 96 % bzw. 93 %. Schon geringe Verzögerungen können zu ablaufbedingten Wartezeiten der Mähdrescher führen.

Beim Erntekomplex 2 ist die Ausnutzung der Transportfahrzeuge mit 90 % bzw. 80 % deutlich geringer. Für die beiden LKW (TE H) sind ablaufbedingte Wartezeiten von 15,9 min zu erwarten. Beim Einsatz in zwei separaten Erntekomplexen fehlt die Möglichkeit eines Leistungsausgleiches sowohl zwischen den Überladewagen, als auch zwischen den Transortfahrzeugen.

6.8 Maßnahmen zur Verbesserung von Transportprozessen

Die Verfahrenskosten und der Arbeitsaufwand bei Transportarbeiten sind abhängig von den eingesetzten Transportfahrzeugen und deren Einsatzzeit. Sie nehmen mit steigender Transportmenge und größeren Transportentfernungen zu. Dem kann durch die Anwendung effektiver Transportverfahren entgegengewirkt werden. Zur Verbesserung der Transportprozesse gibt es eine Vielzahl von Maßnahmen (Müller 1989).

- Reduzierung des Transportaufkommens durch
  - höhere Trockensubstanzgehalte (anwelken, Gülle separieren)
  - höhere Transportdichten (kompaktieren)
  - Beimengungsabtrennung (Erdabtrennung)
- Verkürzung der Transportwege durch
  - zweckmäßige Anlage der Feldzufahrten
  - Dezentralisierung der Lagerstellen

- Größere Gutmengen je Umlauf durch
  - höhere Masseauslastungsgrade
  - geringere Eigenmasse der Transportfahrzeuge
  - höheres Transportvolumen
- Kürzere Umlaufzeit durch
  - höheres Motorleistung-Masse-Verhältnis
  - höhere bauartbedingte Höchstgeschwindigkeit
  - bessere Fahrwerksgestaltung
  - Verbesserung der Fahrbahnbeschaffenheit
  - kürzere Fahrtstrecken auf dem Feld und den Feldwegen
  - kürzere Belade- und Entladezeiten
- Durch eine zeitliche Verlagerung von Transportarbeiten bei Nutzung von Zwischenlagern auf dem Feld oder die Sortenwahl mit gestuften Reifegruppen können Leistungsspitzen reduziert und die jährliche Einsatzzeit der Transportfahrzeuge erhöht werden.

Hinzu kommt die Minimierung von negativen Umwelteinflüssen durch Vermeidung von Lärmbelästigung und Straßenverschmutzung sowie Transportverlusten.

Literatur

FECHNER, Winfried (2016): Methode zur Berechnung komplexer Transportketten. In: VDI-MEG Kolloquium Landtechnik, Heft 41, Arbeitswissenschaften (S. 39). Stuttgart-Hohenheim.

FECHNER, Winfried und UEBE, Norbert (2022): Ablaufbedingte Wartezeit in komplexen transportverbundenen Arbeitsverfahren am Beispiel Mähdrusch. In: 23. Arbeitswissenschaftliches Kolloquium des VDI-MEG Arbeitskreises Arbeitswissenschaften im Landbau (S. 158). Potsdam-Bornim

FLEISCHER, E. (1969): Zyklische verfahrensbedingte Verlustzeiten transportverbundener Fließarbeitsverfahren und Möglichkeiten ihrer Senkung. Deutsche Agrartechnik, 19 (1)

HEEGE, Hermann Josef (1977): Zur Frage der Arbeitsorganisation im Landbau-Fließverfahren oder absätzige Verfahren. Grundlagen der Landtechnik, 27 (5).

HERRMANN, Andreas (1999): Modellierung verfahrenstechnischer Bewertungskriterien bei unterschiedlicher Verknüpfung von Ernte- und Transportarbeitsgängen, Habilitation, Andreas Herrmann. Selbstverlag

MÜLLER, Manfred (Hrsg.) (1989): Technologische Prozesse der Pflanzenproduktion. (2. Aufl.). Deutscher Landwirtschaftsverlag, Berlin, 278 S.

Statistisches Jahrbuch über Ernährung, Landwirtschaft und Forsten der Bundesrepublik Deutschland (2021). Bundesanstalt für Landwirtschaft und Ernährung

Darstellung von Prozessen und Verfahren 7

Mit Hilfe von Maschinenfolgeschemata, Prozessfolgeschemata und Verfahrensdiagrammen können die Prozesse und Verfahren der Landwirtschaft beschrieben werden.

7.1 Maschinenfolgeschema

Die Beschreibung landwirtschaftlicher Verfahren kann durch grafische Darstellungen unterstützt werden. Eine einfache Form stellen Maschinenfolgeschemata dar. Hier werden die im Verfahren genutzten Maschinen symbolisiert in der Reihenfolge des Materialflusses gezeigt (Abb. 7.1) (Herrmann 1999). Der qualitative Arbeitsablauf wird anschaulich dargestellt. Es fehlen jedoch quantitative Angaben zum Verfahren, wie z. B. Aufwandmengen, Durchsatz oder Kosten.

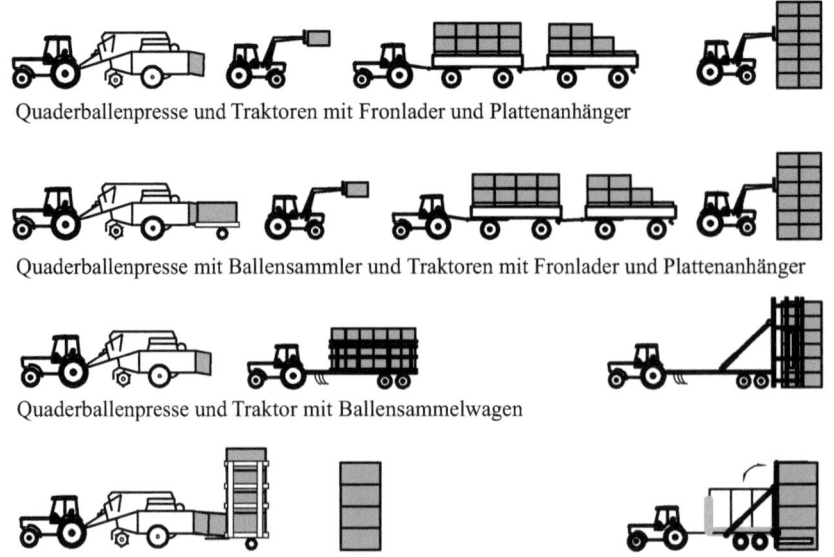

Abb. 7.1 Maschinenfolgeschema zur Strohballenernte (Herrmann 1999)

7.2 Prozessfolgeschema

Ein Prozessfolgeschema stellt Teilprozesse des Arbeitsprozesses dar. Die Detailtiefe kann in Abhängigkeit vom Aussageziel zwischen einzelnen Prozessgliedern und größeren Prozesseinheiten variieren. Quantitative Angaben zu ausgewählten Prozessgrößen sind möglich. Angaben zum genutzten Verfahren sind nicht notwendig. Zur besseren Lesbarkeit der Darstellung werden unterschiedliche Symbole benutzt. Tab. 7.1 führt einige beispielhaft auf.

Für die Kartoffeleinlagerung ist in Abb. 7.2 ein Prozessfolgeschema dargestellt. Im ersten Teilprozess werden die übergroßen Steine vom Erntegut abgetrennt und separat gelagert. Im weiteren Verlauf werden die Erde, das Feinkraut und die Beimengungen abgetrennt. Nach der Abtrennung der Unter- und Übergrößen sind das Endprodukt (die einzulagernden Kartoffeln) und drei Nebenprodukte (Unter- und Übergrößen, Erde und Feinkraut sowie Steine und Kluten) vorhanden. Zusätzlich werden Angaben zu den Masseströmen aufgeführt. Die angegebenen Mengen treten auf, wenn die Kartoffeln mit einem Rodelader (ohne Verleseeinrichtung) geerntet werden.

7.2 Prozessfolgeschema

Tab. 7.1 Symbole für Prozessfolgeschemata

Stoff/Prozess	Symbole	Stoff/Prozess	Symbole
Eingangsstoff		Endprodukt	
Prozessglied		Naturprozess	N
Zwischenprodukt		Nebenprodukt	
Kontrolle		Verbinder	

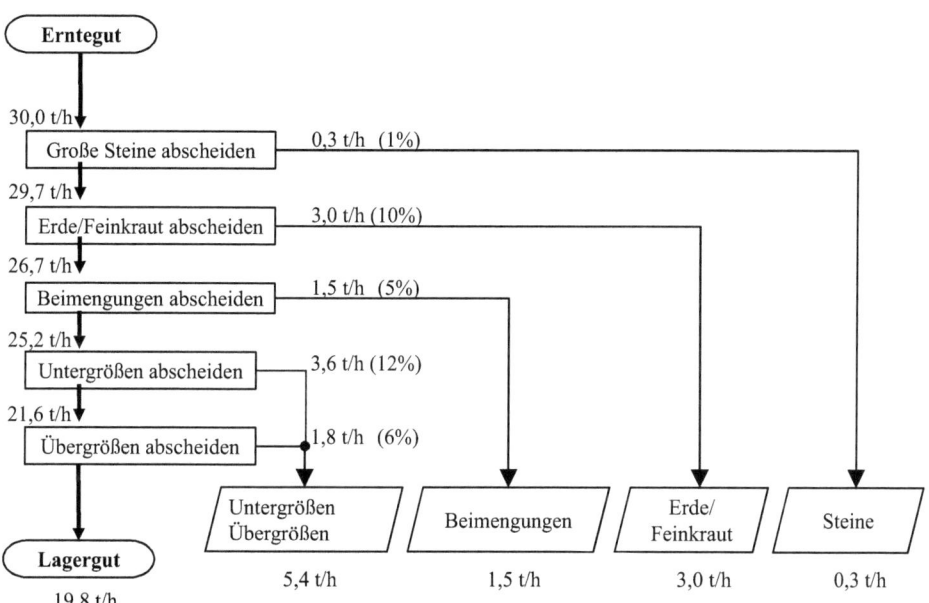

Abb. 7.2 Prozessfolgeschema Kartoffelaufbereitung (Erntegut eines 4-reihigen selbstfahrenden Rodeladers)

Neben den Masseströmen sind auch andere Angaben möglich:

- Volumenstrom, Temperatur, Feuchtegehalt, Farbe, …
- Angaben zu Ausgangsstoffen und Endprodukten,
- Vorgaben zu Zeit, Raum und Dauer der Arbeiten,
- biologische, finanzielle und gesetzliche Vorgaben.

Angaben zu Arbeitsumfang, Ressourcenverbrauch, Umweltbeeinflussung, Energie- und Stoffverlust sind erst möglich, wenn mit der Auswahl des Verfahrens die personelle Ausstattung, die genutzten Maschinen und Geräte sowie die Einsatzbedingungen bekannt sind.

7.3 Verfahrensdiagramm

Das Verfahrensdiagramm stellt Maschinen und Aggregate, ihr Zusammenwirken und zugehörige Verfahrenskennzahlen dar. Mittels des in Abschn. 7.2 dargelegten Prozessfolgeschemas werden Prozessparameter des Arbeitsprozesses beschrieben. Durch die Angabe von verfahrenstechnischen Kennzahlen wird ein Prozessfolgeschema zum Verfahrensdiagramm erweitert. Analog den Teilprozessen im Prozessfolgeschema baut sich das Verfahrensdiagramm aus Verfahrensabschnitten auf.

Für jeden Verfahrensabschnitt werden in einer Tabelle verfahrenstechnische Kennzahlen aufgeführt (Tab. 7.2). Als erstes findet man die Bezeichnung des Verfahrensabschnitts. Es folgt die Anzahl und die Bezeichnung der im Verfahrensabschnitt genutzten Maschinen oder Geräte. Maschinen oder auch Gerätekombinationen mit gleichen verfahrenstechnischen Eigenschaften können in einem Verfahrensabschnitt zusammengefasst werden.

Vervollständigt wird die Tabelle durch Leistungs- und Kostenangaben. Die untere linke Zelle beinhaltet die verfahrensspezifische Kapazität. Diese Angabe dient der Beurteilung des Zusammenwirkens der verschiedenen Maschinen und Geräte untereinander.

Die untere mittlere Zelle beinhaltet die Flächenleistung. Die Leistung ist auf die Feldarbeitszeit bezogen, die Wendezeiten, Kurzfahrtzeiten und ablaufbedingte Wartezeiten, Störungszeiten usw. mit einschließt. Diese Zeitbasis wurde gewählt, um die Leistungsfähigkeit des Verfahrensabschnitts innerhalb des Verfahrens charakterisieren zu können.

Die Kosten des einzelnen Verfahrensabschnittes befinden sich in der unteren rechten Zelle. Die Berechnung der Verfahrenskosten wird in Abschn. 5.2 erläutert.

Abb. 7.3 zeigt ein Verfahrensdiagramm für die Druschfruchternte.

Arbeitsaufgabe ist die Ernte des Druschfruchtbestandes. Eingesetzt werden zwei unterschiedliche Mähdreschertypen, die sich in Leistung und Abbunkerrhythmus unterscheiden und deshalb in separaten Verfahrensabschnitten dargestellt werden. Ihre verfahrensspezifischen Kapazitäten betragen 70 t/h bzw. 50 t/h, die Flächenleistungen 7,7 ha/h bzw. 5,6 ha/h. Der Abtransport des Erntegutes der beiden Mähdrescher JohnDeere erfolgt auf dem Feld mithilfe eines Überladewagens (Fa. Hawe) und auf der Straße mittels drei LKW mit Sattelauflieger. Die verfahrensspezifische Kapazität des Überladewagens reicht mit 65 t/h nicht aus, um die beiden Mähdrescher JohnDeere ohne ablaufbedingte Wartezeiten zu bedienen. Deshalb wird zusätzlich ein Traktor mit Anhänger (Fa. Conow) als Springerfahrzeug eingesetzt. Welchen Mähdrescher das Springerfahrzeug bedient, richtet sich nach der aktuellen Erntesituation und dem Bunkerfüllstand. Das Erntegut des Mähdreschers der Fa. Claas wird von drei Traktoren mit Muldenkipper (Fa. Fliegl) abtransportiert. Diese fahren in Abhängigkeit von der Uhrzeit (Annahmezeiten des Landhandels) und der Kornqualität (beispielsweise Kornfeuchte) das Gut direkt zum Landhandel oder in das eigene Getreidelager.

Tab. 7.2 Darstellung eines Verfahrensabschnitts

Bezeichnung des Verfahrensabschnitts		
Anzahl Maschinen/Geräte	Bezeichnung der Maschine/des Gerätes	
Verfahrensspezifische Kapazität	Flächenleistung in der Feldarbeitszeit	Kosten

7.3 Verfahrensdiagramm

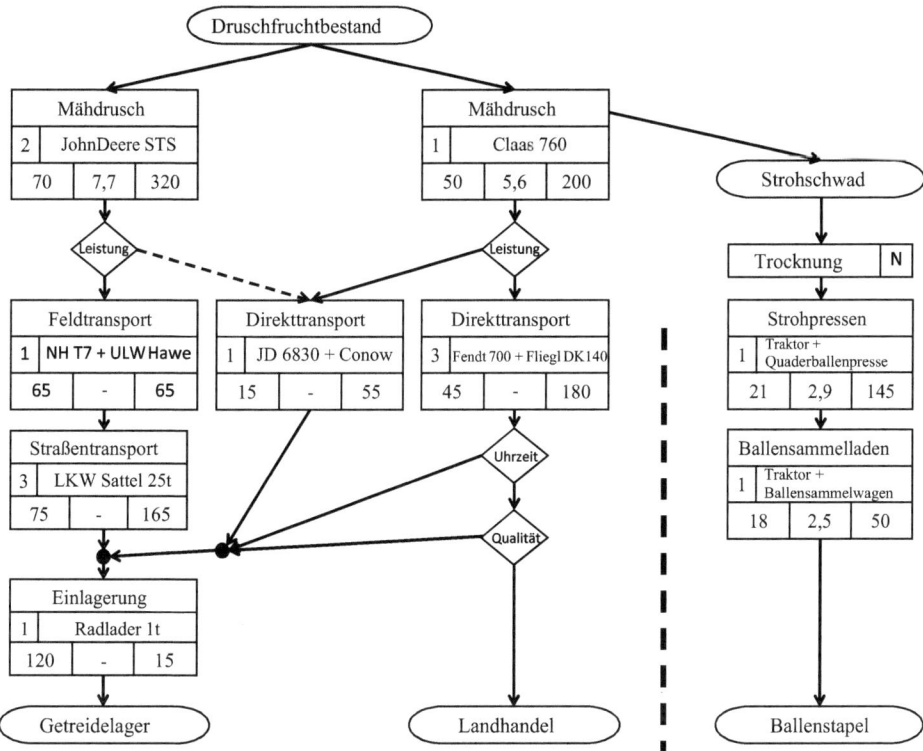

Abb. 7.3 Verfahrensdiagramm für die Druschfruchternte

Anhand der verfahrensspezifischen Kapazität der einzelnen Verfahrensabschnitte kann überprüft werden, ob die genutzten Maschinen gut aufeinander abgestimmt oder ablaufbedingte Wartezeiten zu erwarten sind. Die verfahrensspezifische Kapazität der Mähdrescher beträgt insgesamt 120 t/h. Zur Transporttechnik gehören die 3 Verfahrensabschnitte Feldtransport, Direkttransport 1 und Direkttransport 2. Diese können 125 t/h abtransportieren. Die drei LKW des Straßentransportes haben eine verfahrensspezifische Kapazität von 75 t/h. Da aber nur 65 t/h benötigt werden, sind ablaufbedingte Wartezeiten zu erwarten. Der Radlader ist vor allem dann ausgelastet, wenn die Abfuhr zum Landhandel unterbrochen ist.

Auf der rechten Seite des Verfahrensdiagrammes in Abb. 7.3 wird zusätzlich als Koppelprodukt Stroh geerntet. Das Strohschwad wird nach Erreichen des für die Lagerung erforderlichen Trockensubstanzgehaltes gepresst. Ein Ballensammelwagen (Fa. Arcusin) wird zum Transport der Ballen bis zum Feldrand genutzt. Da die verfahrensspezifische Kapazität der Strohpresse mit 21 t/h (60 Ballen/h) größer als die des Transportfahrzeuges ist (18 t/h), muss die Einsatzzeit der Transporttechnik länger als die der Erntetechnik sein.

Durch Summation der Anzahl der eingesetzten Maschinen und die Berücksichtigung der zugehörigen Arbeitskräfte kann die Anzahl der notwendigen Arbeitskräfte ermittelt

Tab. 7.3 Beispiel für die Kennzahlen eines Verfahrens der Druschfruchternte laut Verfahrensdiagramm in Abb. 7.3

Verfahrensparameter	Kennzahl	Einheit
Arbeitskraftbedarf	14	–
Korndurchsatz	120	$t/h_{T_{AB}}$
Flächenleistung Kornernte	13,3	$ha/h_{T_{AC}}$
Flächenleistung Strohernte	2,5	$ha/h_{T_{AC}}$
Kosten der Kornernte	1000,00	€/h
Kosten der Strohernte	195,00	€/h

werden. Im Beispiel sind es 14 Arbeitskräfte, da jede Maschine mit einer Arbeitskraft besetzt ist. Die Tab. 7.3 gibt einen Überblick zu den Kennzahlen des gesamten Ernteverfahrens.

Zur Ermittlung der spezifischen Kosten (€/ha, €/t) ist die Kenntnis der Tagesleistung erforderlich. Diese Angaben sind nicht Bestandteil des Verfahrensdiagrammes.

Literatur

HERRMANN, Andreas (1999): Modellierung verfahrenstechnischer Bewertungskriterien bei unterschiedlicher Verknüpfung von Ernte- und Transportarbeitsgängen, Habilitation, Andreas Herrmann. Selbstverlag

Bewertung, Verfahrensvergleich, Nutzwertanalyse

8

Die Bewertung ist eine Methode zur Ermittlung der Bestvariante. Sie beruht auf dem Vergleich von Alternativen. Beim Verfahrensvergleich besteht das Ziel darin, aus einer Anzahl von Verfahrensvarianten die für den Anwendungszweck beste Lösung zu finden. Dabei werden sowohl objektive als auch subjektive Kriterien berücksichtigt.

Häufig verwendete Kriterien für die Verfahrensbewertung sind z. B. Verfahrenskosten, Kaufpreis, Motorleistung, Kraftstoffverbrauch, Produktqualität. Da diese verschiedenartigen Bewertungskriterien jedoch nicht direkt miteinander verglichen werden können, müssen sie in eine vergleichbare Einheit transformiert werden. Um verschiedenartige Kriterien in die Bewertung einbeziehen zu können, kann eine Nutzwertanalyse durchgeführt werden.

Bei der Nutzwertanalyse werden für jedes Kriterium Bewertungsmaßstäbe festgelegt und darauf aufbauend für die Varianten Bewertungspunkte vergeben.

Die Nutzwertanalyse „eignet sich besonders für Fälle, bei denen sich der Gesamtnutzen aus den unterschiedlichsten Teilnutzen zusammensetzt und der monetäre Gewinn als einziges Kriterium zur Entscheidungsfindung unzureichend ist" (Dittmer 1995).

8.1 Auswahl der Bewertungskriterien

Nach der Aufstellung der Alternativen erfolgt die Auswahl relevanter Bewertungskriterien. In Tab. 8.1 sind ausgewählte Kriteriengruppen aufgelistet, die für die Bewertung weiter konkretisiert werden.

Tab. 8.1 Kriteriengruppen für die Bewertung von Verfahren und Bewertungskriterien in der Technikbewertung

Kriteriengruppen Verfahrensbewertung	Bewertungskriterien in der Technikbewertung („VDI-Richtlinie 3780" 2000)
• Finanzielle Kennzahlen • Energetische Bewertung • Humanpotential • Arbeitsbedingungen • Immaterielle Werte • Eingesetzte Gebrauchswerte • Erzeugte Gebrauchswerte • Umweltbeeinflussung • Nachhaltigkeit	• Funktionsfähigkeit • Wirtschaftlichkeit • Wohlstand • Sicherheit • Gesundheit • Umweltqualität • Persönlichkeitsentfaltung und Gesellschaftsqualität

Für eine energetische Bewertung können z. B. folgende Kriterien gewählt werden:

- spezifischer Elektroenergieverbrauch je Erntegutmenge [kWh/t],
- Jahreskraftstoffverbrauch eines Zuckerrübenroders [Liter Diesel/a],
- spezifischer Heizölverbrauch bei der Trocknung [Liter/t],
- spezifischer Kraftstoffverbrauch je bearbeiteter Fläche in der Aufgabenverrichtungszeit [Liter/ha].

Die Auswahl unterschiedlicher Bewertungskriterien durch den Bearbeiter (Produzenten, Verkäufer, Anwender) führt zu unterschiedlichen Ergebnissen.

Folgende allgemeine Grundsätze sollten immer beachtet werden:

- quantifizierbare Kriterien bevorzugen,
- qualitative Kriterien möglichst exakt definieren,
- sich auf für die Entscheidung wesentliche Kriterien beschränken,
- die Anzahl der Kriterien einschränken,
- voneinander unabhängige Kriterien verwenden, um Kreuzkorrelationen zu vermeiden,

Eine begründete Auswahl der Bewertungskriterien verbessert die Akzeptanz der gewählten Bestvariante. Auch Bewertungskriterien, die in ähnlichen Verfahrensvergleichen genutzt wurden, sind zu empfehlen.

8.2 Auswahl einer Bestvariante

Im Beispiel werden vier Traktoren verschiedener Marken verglichen, die im Wesentlichen für Transportarbeiten genutzt werden sollen. Alle vier Traktoren erfüllen die vom Landwirtschaftsbetrieb gestellten technischen Anforderungen. Zur Auswahl einer Bestvariante wurden als **Kriterien zur Bewertung** der Traktoren gewählt:

8.2 Auswahl einer Bestvariante

- Kaufpreis abzüglich eines geschätzten Restwertes am Ende der Nutzung
- Kraftstoffkosten bei Transportarbeit in Euro je 100 km
- Servicequalität des Händlers hinsichtlich Ersatzteilbereitstellung und Kundendienst
- Motorleistung
- Schallpegel am Ohr des Fahrers

Die erfassten **Ausgangsdaten** der vier Traktoren sind in Tab. 8.2 aufgeführt.

Kann keinem Traktor eindeutig der Vorzug geben werden, müssen die Ausgangsdaten bewertet werden.

Eine einfache Methode besteht darin, für die einzelnen Varianten subjektiv Punkte zu vergeben. Je nach dem Grad der Erfüllung des Bewertungszieles bekommt eine Variante (Typ) für das Bewertungskriterium null bis drei Punkte. In Tab. 8.3 ist das beispielhaft dargestellt.

Ist das Bewertungskriterium „gut erfüllt" gibt es einen Punkt, ist es „sehr gut erfüllt" gibt es zwei Punkte und ist es „in besonderem Maße erfüllt" gibt es drei Punkte. Anschließend werden die Punkte für jede Variante summiert. Der Traktor vom Typ 1 schneidet mit 6 Punkten am besten ab.

Um leichter entscheiden zu können, werden bei der Benotung der Varianten nur wenige Abstufungen genutzt. Dadurch werden die Unterschiede in den Ausgangsdaten bei der Punktvergabe nicht exakt wiedergegeben.

In unserem Beispiel kann nicht eindeutig ein Urteil gefällt werden, da die Traktoren vom Typ 1, 3 und 4 ähnliche Punktesummen aufweisen.

Zur Objektivierung des Entscheidungsprozesses dient die Nutzwertanalyse. Bei der Nutzwertanalyse werden für jede Variante i in Abhängigkeit vom Erfüllungsgrad des Bewertungskriteriums j Bewertungspunkte $Pk_{i,j}$ berechnet.

Tab. 8.2 Ausgangsdaten der zu vergleichenden Traktoren

	Einheit	Typ 1	Typ 2	Typ 3	Typ 4
Kaufpreis – Restwert	€	156.000,00	160.000,00	155.000,00	150.000,00
Kraftstoffkosten[1]	€/100 km	94,00	97,00	98,00	103,00
Händlerbewertung	Punkte	5,0	4,0	4,0	5,0
Motorleistung	KW	204	199	226	218
Schallpegel am Fahrerohr	dB	70	72	74	77

[1] *Kraftstoffkosten bei Transportarbeit*

Tab. 8.3 Subjektive Benotung der zu vergleichenden Traktoren

	Typ 1	Typ 2	Typ 3	Typ 4
Kaufpreis – Restwert	+		+	++
Kraftstoffkosten[1]	++	+	+	
Händlerbewertung	+			+
Motorleistung			+++	++
Schallpegel am Fahrerohr	++	+		
Summe der Punkte	6	2	5	5

[1] *Kraftstoffkosten bei Transportarbeit*

Der Nutzwert einer Variante bzw. eines Traktors ergibt sich aus der Summe der vergebenen Bewertungspunkte. Bei der Addition der Bewertungspunkte ist eine Gewichtung W_j in Abhängigkeit vom Bewertungskriterium j erforderlich. Der Nutzwert NW_i einer Variante i berechnet sich dann:

$$NW_i = \sum \left(Pk_{i,j} * W_j \right) = Pk_{i,1} * W_1 + Pk_{i,2} * W_2 + \ldots + Pk_{i,j} * W_j \qquad (8.1)$$

NW_i *Nutzwert der Variante i*, $Pk_{i,j}$: *Bewertungspunkte für Variante i bei Kriterium j*, W_i: *Gewichtung für das Kriterium j*.

Die Variante mit dem höchsten Nutzwert wird bevorzugt.

Schritt 1: Bewertungspunkte berechnen

Zuerst erfolgt für jedes Kriterium und jede Variante eine Berechnung von Bewertungspunkten $Pk_{i,j}$. Im Beispiel sollen 1 bis 10 Bewertungspunkte an Hand von Punktemaßstäben vergeben werden. Entsprechen die Daten eines Bewertungskriteriums $D_{i,j}$ dem Punktemaßstab $PM_{H,j}$ sollen diesem 10 Bewertungspunkte vergeben werden ($Pk_H = 10$, Bewertungspunkte bei hohem Nutzwert). Entsprechen die Daten $D_{i,j}$ einem Punktemaßstab $PM_{N,j}$ wird dem Traktor für dieses Bewertungskriterium nur 1 Bewertungspunkt gegeben ($Pk_N = 1$, Bewertungspunkt bei niedrigem Nutzwert). Für Datenwerte zwischen beiden Punktemaßstäben werden die Bewertungspunkte interpoliert.

In Abb. 8.1 sind für das Kriterium „Kaufpreis-Restwert" die erreichten Bewertungspunkte der Traktoren sowie die Punktemaßstäbe PM_H und PM_N dargestellt.

Obwohl der Kaufpreis mit der Produktqualität korrelieren kann, wird bei der Nutzwertanalyse das Bewertungskriterium „Kaufpreis-Restwert" ausschließlich als Kostenfaktor betrachtet

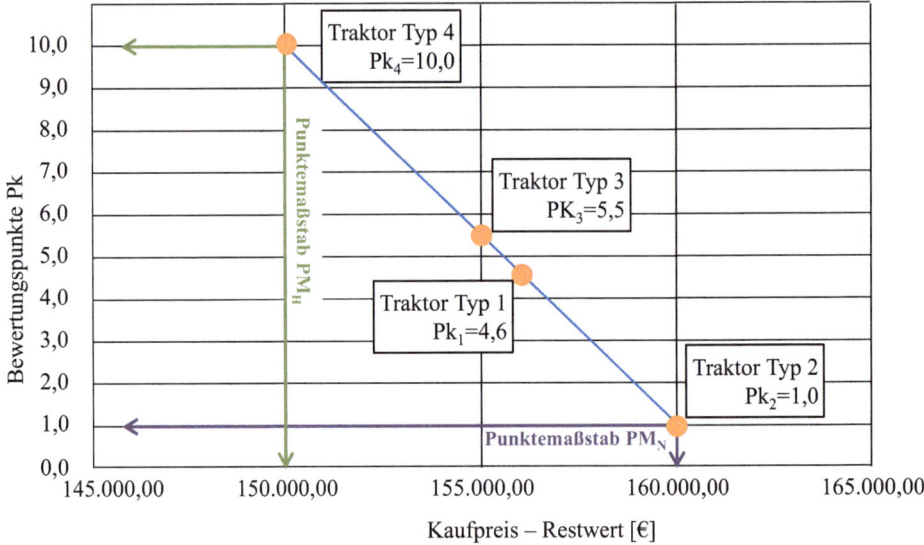

Abb. 8.1 Beziehung zwischen den Bewertungspunkten und dem Kaufpreis abzüglich Restwert

8.2 Auswahl einer Bestvariante

und es werden 10 Bewertungspunkte bei einem geringen Datenwert von $PM_H = 150.000,00€$ vergeben. Die Produktqualität wird als eigenständiges Bewertungskriteriium, wie z. B. die Motorleistung oder der Schallpegel, in der Nutzwertanalyse berücksichtigt.

Zur Berechnung der Bewertungspunkte wird folgende Gleichung verwendet:

$$Pk_{i,j} = \frac{D_{i,j} - PM_{N,j}}{PM_{H,j} - PM_{N,j}} * (Pk_H - Pk_N) + Pk_N \qquad (8.2)$$

$$Pk_{i,j} = \frac{D_{i,j} - PM_{N,j}}{PM_{H,j} - PM_{N,j}} * (10 - 1) + 1$$

$Pk_{i,j}$ *Bewertungspunkte für Traktor i bei Bewertungskriterium j, $D_{i,j}$ Datenwert des Traktors i bei Bewertungskriterium j, Pk_H höchstmögliche Anzahl Bewertungspunkte, $PM_{H,j}$ Punktemaßstab für die höchstmögliche Anzahl Bewertungspunkte, Pk_N niedrigste Anzahl Bewertungspunkte, $PM_{N,j}$ Punktemaßstab für die niedrigste Anzahl Bewertungspunkte bei Bewertungskriterium j.*

Um die Berechnungen durchführen zu können, müssen für jedes Bewertungskriterium die beiden **Punktemaßstäbe** ($PM_{H,j}$, $PM_{N,j}$) festgelegt werden. In Tab. 8.4 sind für alle Bewertungskriterien die im Beispiel verwendeten Punktemaßstäbe aufgeführt.

Die Punktemaßstäbe für das Bewertungskriterium „Kraftstoffkosten bei Transportarbeit" basieren auf dem niedrigsten bzw. dem größten Datenwert der verglichenen Traktoren. Die Punktemaßstäbe für die Motorleistung entsprechen dem notwendigen Leistungsspektrum der Traktoren entsprechend der Aufgabenstellung. Die Punktemaßstäbe für den „Schallpegel am Fahrerohr" entsprechen dem Maximum (lautesten) und dem Minimum (leisesten) einer Aufstellung am Markt verfügbarer Traktoren.

Beispielberechnung der Bewertungspunkte für den Traktor Typ 1 und das Kriterium 4 „Motorleistung" sowie für Traktor Typ 2 und das Kriterium 5 „Schallpegel am Fahrerohr":

$$Pk_{1,4} = \frac{D_{1,4} - PM_{N,4}}{PM_{H,4} - PM_{N,4}} * (Pk_H - Pk_N) + Pk_N = \frac{204 - 190}{240 - 190} * (10 - 1) + 1 = 3{,}52$$

$$Pk_{2,5} = \frac{D_{2,5} - PM_{N,5}}{PM_{H,5} - PM_{N,5}} * (Pk_H - Pk_N) + Pk_N = \frac{72 - 83}{68 - 83} * (10 - 1) + 1 = 7{,}6$$

Tab. 8.4 Punktemaßstäbe für die Vergabe von Bewertungspunkten

Kriterium	Index j	Einheit	Punktemaßstab zur Vergabe von	
			1 Punkt ($PM_{N,j}$)	10 Punkte ($PM_{H,j}$)
Kaufpreis – Restwert	1	€	160.000,00	150.000,00
Kraftstoffkosten[1)]	2	€/100 km	103	94
Händlerbewertung	3	Punkte	1	10
Motorleistung	4	KW	190	240
Schallpegel am Fahrerohr	5	dB	83	68

[1)] *Kraftstoffkosten bei Transportarbeit*

Tab. 8.5 Bewertungspunkte für die Traktoren anhand Gl. 8.2

Kriterium	Traktor Typ 1	Traktor Typ 2	Traktor Typ 3	Traktor Typ 4	Mittelwert	Differenz
Kaufpreis – Restwert	4,6	1,0	5,5	10,0	5,3	9,0
Kraftstoffkosten[1]	10,0	7,0	6,0	1,0	6,0	9,0
Händlerbewertung	5,0	4,0	4,0	5,0	4,5	1,0
Motorleistung	3,5	2,6	7,5	6,0	4,9	4,9
Schallpegel am Fahrerohr	8,8	7,6	6,4	4,6	6,9	4,2

[1] *Kraftstoffkosten bei Transportarbeit*

Das Ergebnis der Punktevergabe für die Traktoren zeigt Tab. 8.5. Die Transformation basiert auf den Angaben von Tab. 8.2 und 8.4.

Die größten Unterschiede zwischen den Traktoren sind mit neun Punkten bei den Kriterien „Kraftstoffkosten bei Transportarbeit" und „Kaufpreis – Restwert" berechnet worden (Differenz). Geringere Unterschiede zwischen den Varianten ergaben sich bei dem Kriterium „Händlerbewertung" mit einem Punkt.

Größere Differenzen zwischen den Bewertungspunkten der Varianten bedeuten, dass dieses Bewertungskriterium einen größeren Einfluss auf die Entscheidung besitzt als ein Kriterium mit geringeren Differenzen.

Nach der Transformation der Ausgangsdaten in Bewertungspunkte sollte geprüft werden, ob die Differenzen in der Punktbewertung die unterschiedlichen Erfüllungsgrade wiedergeben (s. Abschn. 8.3). In unserem Beispiel weist eine Differenz von 9 Bewertungspunkten für das Kriterium „Kaufpreis-Restwert" darauf hin, dass das Preisniveau der verglichenen Traktoren einen großen Einfluss auf die Entscheidung hat. Der Erfüllungsgrad des Kriteriums „Kaufpreis-Restwert" hat eine große Spannweite.

Auch die Mittelwerte je Bewertungskriterium unterscheiden sich (Tab. 8.5). Für die Beurteilung des Einflusses einzelner Bewertungskriterien auf das Ergebnis der Nutzwertanalyse empfiehlt es sich, die Bewertungspunkte so zu verändern, dass sich gleiche Mittelwerte ergeben. Mit folgender Berechnungsvorschrift werden die Bewertungspunkte so korrigiert, dass sich für jedes Bewertungskriterium ein Mittelwert von 5 ($Pk_{Zielwert}$) ergibt.

$$Pk_{i,j\,korrigiert} = Pk_{i,j} - \overline{Pk_j} + Pk_{Zielwert} \qquad (8.3)$$

$Pk_{i,j\,korrigiert}$ *korrigierte Bewertungspunkte für Variante i bei Kriterium j*, $\overline{Pk_j}$ *Mittelwert der Bewertungspunkte für das Kriterium j*, $Pk_{Zielwert}$ *gewünschter Mittelwert*

Beispiel: Für Traktor Typ 1 und Bewertungskriterium 4 (Motorleistung) gilt:

$$PK_{1,4} = 3,5 - 4,9 + 5,0 = 3,6$$

Die nach der Korrektur **erreichten Bewertungspunkte** zeigt Tab. 8.6.

8.2 Auswahl einer Bestvariante

Tab. 8.6 Korrigierte Bewertungspunkte für die zu vergleichenden Traktoren nach Angleichung der Mittelwerte der Bewertungskriterien

Kriterium	Typ 1	Typ 2	Typ 3	Typ 4	Mittelwert	Differenz
Kaufpreis – Restwert	4,3	0,7	5,2	9,7	5,0	9,0
Kraftstoffkosten[1]	9,0	6,0	5,0	0,0	5,0	9,0
Händlerbewertung	5,5	4,5	4,5	5,5	5,0	1,0
Motorleistung	3,6	2,7	7,6	6,1	5,0	4,9
Schallpegel am Fahrerohr	7,0	5,8	4,6	2,8	5,0	4,2

[1] *Kraftstoffkosten bei Transportarbeit*

Tab. 8.7 Bestimmung der Gewichtung mittels sukzessiver Vergleiche

Rangfolge der Kriterien	subjektiv festgelegte Wertigkeit	Gewichtung
Kaufpreis – Restwert	100	0,263
Kraftstoffkosten[1]	80	0,211
Händlerbewertung	80	0,211
Motorleistung	70	0,184
Schallpegel	50	0,132
Summe	380	1

[1] *Kraftstoffkosten bei Transportarbeit*

Schritt 2: Gewichtung bestimmen

Bei der anschließenden Berechnung des Nutzwertes müssen die Bewertungskriterien nicht mit der gleichen Wirkstärke in die Bewertung der Traktoren einfließen. Durch eine Gewichtung der Bewertungspunkte kann die Intensität festgelegt werden.

Zur Bestimmung der Gewichtung können verschiedene Methoden genutzt werden. Von den von Rinza und Schmitz angegebenen Methoden (Rinza und Schmitz 1992) wird die Methode der sukzessiven Vergleiche hier näher beschrieben (s. auch Anhang 9.3).

Bei der **Methode der sukzessiven Vergleiche** werden zuerst die Bewertungskriterien nach ihrer Wertigkeit (Rangfolge) vorsortiert. Anschließend erfolgt rangabwärts für jedes Bewertungskriterium eine subjektive Vorgabe für die Gewichtung im Vergleich mit dem ranghöchsten Bewertungskriterium unter Beachtung der Gewichtungen der in der Rangfolge benachbarten Bewertungskriterien (Tab. 8.7, vorletzte Spalte).

Im Beispiel (Kauf eines Traktors) wird die Gewichtung für das Kriterium „Kraftstoffkosten bei Transportarbeit" mit nur 80 % gegenüber der Gewichtung des „Kaufpreises abzüglich Restwertes" eingeschätzt. Das bedeutet, dass bei gleichen Bewertungspunkten die Kraftstoffkosten nur 80 % an Nutzwert gegenüber dem Kaufpreis zugewiesen bekommen.

Die „Motorleistung" als Bewertungskriterium ist wichtig, aber nicht so wichtig wie die „Händlerbewertung". Die Gewichtung des Schallpegels soll nur der Hälfte der Gewichtung des „Kaufpreises – Restwertes" entsprechen.

Zum Schluss werden die vergebenen Gewichtungen ins Verhältnis gesetzt, sodass ihre Summe 1 ergibt (Tab. 8.7, letzte Spalte).

Schritt 3: Nutzwert berechnen
Nach der Berechnung der Bewertungspunkte (Tab. 8.6) und der Festlegung der Gewichtung (Tab. 8.7) kann nach Gl. 8.1 der **Nutzwert der Traktoren** berechnet werden.
Für den Nutzwert NW_1 des Traktors Typ 1 gilt:

$$NW_1 = \sum Pk_{1,j} * W_j$$

$$NW_1 = Pk_{1,1} * W_1 + Pk_{1,2} * W_2 + Pk_{1,3} * W_3 + Pk_{1,4} * W_4 + Pk_{1,5} * W_5$$

$$NW_1 = 4,3 * 26,3\% + 9,0 * 21,1\% + 5,5 * 21,1\% + 3,6 * 18,4\% + 7,0 * 13,2\%$$

$$NW_1 = 1,14 + 1,90 + 1,16 + 0,66 + 0,92 = 5,78$$

Die berechneten Nutzwerte aller Traktoren zeigt Tab. 8.8.

Für den Traktor Typ 1 errechnet sich mit 5,78 Punkten die **beste Platzierung**. Gegenüber dem Zweitplatzierten (Typ 3) ergeben sich höhere Nutzwerte bei den Kriterien „Kraftstoffkosten bei Transportarbeit" (1,9 − 1,06 = 0,84) und „Schallpegel am Fahrerrohr" (0,92 − 0,6 = 0,32). Im Vergleich zu Traktor Typ 3 berechnet sich ein geringerer Nutzwert für die Kriterien "Anschaffungspreis/Restwert" und „Motorleistung".

In Abb. 8.2 sind die Nutzwerte der Traktoren für die Bewertungskriterien grafisch dargestellt.

Der Traktor vom Typ1 kann im **Vergleich zu den alternativen Traktoren** bei den Kriterien „Kraftstoffkosten bei Transportarbeit" und „Schallpegel" die höchsten Nutzwerte erreichen.

Der Traktor Typ 4 erreicht beim Kriterium „Anschaffungspreis − Restwert" den höchsten Nutzwert (2,56), kann aber im Beispiel aufgrund eines Nutzwertes von 0,0 beim Kriterium „Kraftstoffkosten bei Transportarbeit" nur den dritten Platz erlangen.

Das **Ergebnis der Nutzwertanalyse** zeigt, dass die Nutzwerte des erst- und zweitplatzierten Traktors sich nur wenig unterscheiden.

Tab. 8.8 Ergebnis der Nutzwertberechnung, Platzierung und Vergleich zwischen Erst- und Zweitplatziertem

Kriterium	Nutzwerte (gewichtete Bewertungspunkte)				Vergleich
	Typ 1	Typ 2	Typ 3	Typ 4	Erstplatzierter Zweitplatzierter
Kaufpreis − Restwert	1,14	0,19	1,37	2,56	**− 0,24**
Kraftstoffkosten[1]	1,90	1,27	1,06	0,00	**0,84**
Händlerbewertung	1,16	0,95	0,95	1,16	**0,21**
Motorleistung	0,66	0,50	1,39	1,13	**− 0,73**
Schallpegel	0,92	0,76	0,60	0,36	**0,32**
Summe	5,78	3,66	5,37	5,21	**0,41**
Platzierung	1	4	2	3	−

[1] *Kraftstoffkosten bei Transportarbeit*

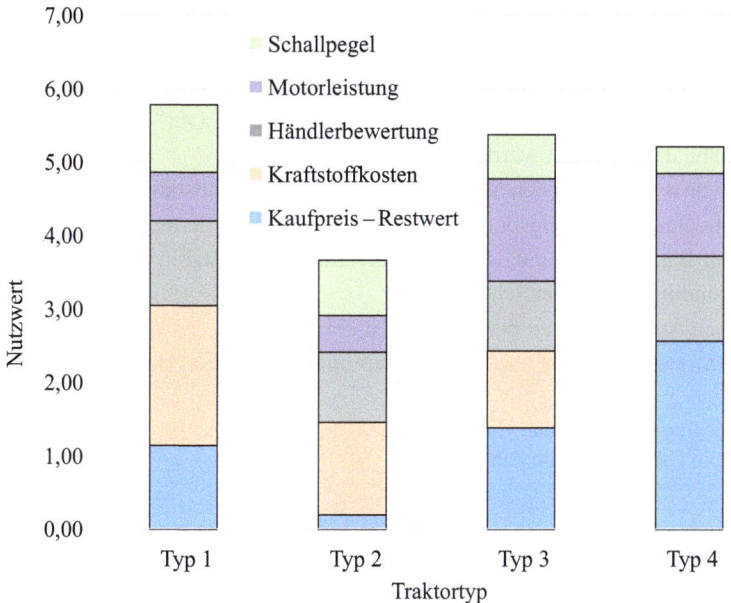

Abb. 8.2 Nutzwerte in Abhängigkeit von Traktortyp und Bewertungskriterium

Die Nutzwertanalyse führte im dargestellten Beispiel zu keinem eindeutigen Ergebnis. Die endgültige Entscheidung für den Kauf eines bestimmten Traktors muss der Anwender treffen. Der Vorzug einer Nutzwertanalyse besteht aber in der Aufteilung des Bewertungsvorgangs in einzelne Schritte:

- Auswahl der zu berücksichtigenden Bewertungskriterien.
- Analyse der Unterschiede zwischen den Varianten innerhalb eines jeden Bewertungskriteriums.
- Bestimmung des Zusammenhangs zwischen dem Datenwert des Bewertungskriteriums und den Bewertungspunkten.
- Gewichtung der Bewertungskriterien hinsichtlich ihres Einflusses auf die Zielstellung.
- Berechnung der Teilnutzwerte und des gesamten Nutzwertes für jede Variante.
- Auswahl der Variante mit dem höchsten Nutzwert und Vergleich der Teilnutzwerte mit den der Alternativvarianten.
- Wahl der Bestvariante.

8.3 Einfluss der Punktemaßstäbe auf die Bewertung

Eine subjektive Punktevergabe abhängig vom Erfüllungsgrad des Kriteriums birgt die Gefahr der ungewollten Einflussnahme auf das Ergebnis der Nutzwertanalyse. Durch die Transformation der Ausgangsdaten mittels mathematischer Funktion, wie in Gl. 8.2, wird die

Punktevergabe objektiviert. Diese setzt eine Festlegung von Punktemaßstäben voraus, die den Erfüllungsgrad des Bewertungskriteriums wiedergeben. Die Wahl der beiden Punktemaßstäbe (PM_H, PM_N) hat einen wesentlichen Einfluss auf das Ergebnis der Nutzwertanalyse.

Am Beispiel des Bewertungskriteriums „Schallpegel am Ohr" soll der Einfluss der Punktemaßstäbe demonstriert werden.

Mit Hilfe von 4 verschiedenen Strategien werden Punktemaßstäbe festgelegt (Tab. 8.9).

Die berechneten Bewertungspunkte der Traktoren für das Kriterium „Schallpegel am Fahrerohr" auf Basis Gl. 8.2 und den vier unterschiedlichen Paaren von Punktemaßstäben aus Tab. 8.9 sind in Abb. 8.3 ersichtlich.

Bei gleichen Ausgangsdaten berechnen sich abhängig von den gewählten Punktemaßstäben (nach Strategie a bis d) für die Traktoren unterschiedliche Bewertungspunkte.

Tab. 8.9 Strategien zur Festlegung von Punktemaßstäben zur Berechnung von Bewertungspunkten für das Kriterium „Schallpegel am Fahrerohr"

	Punktemaßstäbe für den Schallpegel am Fahrerohr [dB]	
	PM_N	PM_H
vergebene Bewertungspunkte	1 Punkt	10 Punkte
Strategie a: der beste und der schlechteste Wert der verglichenen Traktoren wird genutzt	77	70
Strategie b: der beste und der schlechteste Wert aller auf dem Markt befindlicher Traktoren wird genutzt	83	68
Strategie c: Punktemaßstäbe basieren auf allgemeinen Vorschriften und Erfahrungen gesetzlicher oder medizinischer Natur	85	35
Strategie d: Es wird nur ein Punktemaßstab festgelegt, der andere wird 0 gesetzt	100	0

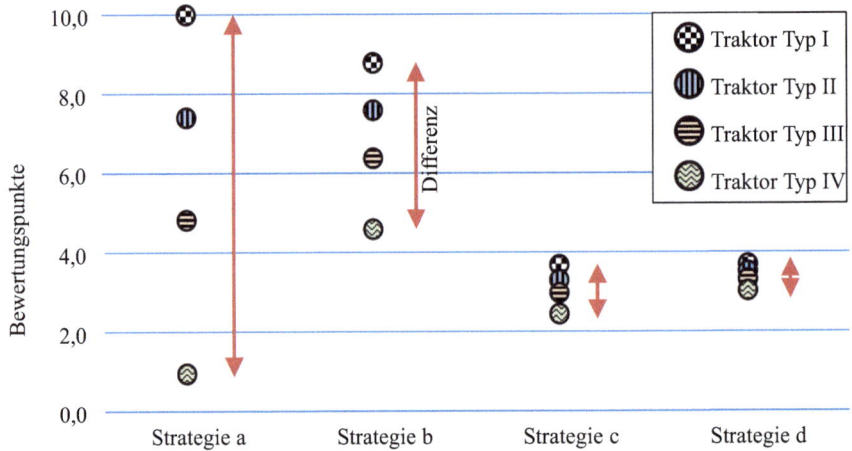

Abb. 8.3 Für vier Traktoren berechnete Bewertungspunkte für den „Schallpegel am Fahrerohr" in Abhängigkeit von der Strategie zur Wahl der Punktemaßstäbe

Bei Anwendung der Punktemaßstäbe nach Strategie a werden 1,0; 4,9; 7,4 und 10,0 Bewertungspunkte für die Traktoren berechnet. Die Anwendung der Punktemaßstäbe nach Strategie d bewirkt, dass nach Gl. 8.2 nur zwischen 3,1 und 3,7 Bewertungspunkte berechnet werden.

In Abhängigkeit von den Differenzen zwischen den Bewertungspunkten ändert sich der Einfluss des Bewertungskriteriums. Größere Abstände zwischen Bewertungspunkten bewirken einen größeren Einfluss auf das Ergebnis der Nutzwertanalyse.

Werden die Punktemaßstäbe nach Strategie a festgelegt, ergeben sich immer sowohl 1 Bewertungspunkt als auch 10 Bewertungspunkte. Ist an Hand der Ausgangsdaten für dieses Bewertungskriterium der Unterschied im Erfüllungsgrad hinsichtlich des Bewertungszieles zwischen den Varianten als nur gering einzuschätzen, wird bei Anwendung der Strategie a durch die damit verbundenen großen Differenzen zwischen den Bewertungspunkten dieses Bewertungskriterium übergewichtet.

Die Punktemaßstäbe sollen den Erfüllungsgrad des Kriteriums wiedergeben. Sie müssen unabhängig von den Datenwerten der zu vergleichenden Varianten festgelegt werden. Grundlage eines Punktemaßstabs sind z. B. Kennzahlen, die

- die betrieblichen Ressourcen abbilden, wie
  - einen Mindestdurchsatz des Mähdreschers zur Gewährleistung des Drusches innerhalb der betrieblich verfügbaren Einsatzzeit (PM_N),
- auf alle vorhandenen Alternativen Bezug nehmen, wie
  - den höchsten Durchsatz aller im Handel verfügbaren Mähdrescher (PM_H),
  - die maximale Flächenleistung aller nutzbaren Verfahren der Kartoffelernte (PM_H),
- Vorschriften und Erfahrungen gesetzlicher, technischer oder medizinischer Natur beinhalten, z. B.
  - ein maximal zulässiger Variationskoeffizient bei der Ausbringung von Mineraldünger (PM_N),
  - eine maximale Last beim Heben von Gegenständen (PM_N),
- Grenzen zur Wirtschaftlichkeit wiedergeben, wie
  - einem maximalen Kaufpreis, der Verfahrenskosten unter denen der Lohnunternehmen sichergestellt (PM_N),

Literatur

DITTMER, Gonde (1995): Managen mit Methode: Instrumente für individuelle Lösungen. Gabler Verlag : Imprint : Gabler Verlag, Wiesbaden

RINZA, Peter, SCHMITZ, Heiner (1992): Nutzwert-Kosten-Analyse: eine Entscheidungshilfe. (2. Aufl.). VDI-Verlag, Düsseldorf, 255 S.

VDI-Richtlinie 3780: Bewertung, Begriffe und Grundlagen (2000). Berlin: Beuth

Anhang 9

9.1 Beispiele zur Anwendung der Zeitgliederung

9.1.1 Feldspritze

Die Arbeiten beginnen mit einer Vorbereitungszeit auf dem Hof. Danach wird die Feldspritze gegebenenfalls auf dem Betriebshof befüllt (Beladezeit, Kurzfahrtzeit). Die anschließende Fahrt der Feldspritze transportiert die Pflanzenschutzmittel vom Betriebsgelände (Beladeort) zum Feld (Entladeort). Im befüllten Zustand der Feldspritze ist die Fahrtzeit eine Lastfahrtzeit. Ohne Transport des Pflanzenschutzmittels ergäbe sich eine Wegezeit. Es folgt das Ausklappen des Gestänges (Feldrüst- und Einstellzeiten). Nach einem Halt auf dem Feld ist die sich anschließende Fahrt eine Kurzfahrtzeit. Danach lösen sich Aufgabenverrichtungs- und Wendezeiten ab. Einstellungen an den Düsen und die Innen- und Außenreinigung der Feldspritze sind Feldrüst- und Einstellzeiten. Das Reinigen verstopfter Düsen gehört zu den funktionellen Störungen. Eine Haltezeit zur Begutachtung des Bestandes durch den Fahrer gehört zur Kontrollzeit. Ein Zeitanteil wird zur Befüllung der Feldspritze benötigt. Wird die Feldspritze auf dem Betriebsgelände befüllt, dann fallen Feldrüst- und Einstellzeiten, Leerfahrtzeit, Kurzfahrtzeit, Beladezeit und Lastfahrtzeit an. Bei einer Befüllung auf dem Feld bzw. in dessen Umfeld wird der Entladeort nicht verlassen und es werden Kurzfahrtzeiten sowie eine Beladezeit verzeichnet. Das Dosieren des Pflanzenschutzmittels über die Einspülschleuse gehört zur Beladezeit. Beim Wechsel des Schlages gibt es Feldrüst- und Einstellzeiten sowie Wegezeit.

9.1.2 Mähdrescher

Vor dem Druschbeginn werden die Mähdrescher gewartet (Vor- und Nachbereitungszeiten). Die Fahrt vom Betriebsgelände bis zum ersten Halt am Arbeitsort gehört zur Wegezeit. Danach folgen Feldrüst- und Einstellzeiten sowie Kurzfahrtzeit.

Im Tagesverlauf können weitere Einstellmaßnahmen an den Mähdreschern folgen. Am Ende des Arbeitstages bzw. nach Aberntung des Feldes werden sie für die Fahrt auf der Straße umgerüstet. Diese Zeiten werden in der Feldrüst- und Einstellzeit zusammengefasst.

Die Aufgabenverrichtungszeit ist dadurch gekennzeichnet, dass sich die noch ausstehende Erntefläche kontinuierlich reduziert. Aufgabenverrichtung, Wenden und Rangieren lösen einander ab.

Wird ein begonnener Wende- und Rangiervorgang nicht durch den Beginn einer Aufgabenverrichtungszeit beendet, sondern durch eine andere Teilzeit unterbrochen, wird die gesamte Zeit des Wendevorganges der unterbrechenden Teilzeit (z. B. Einstellungsarbeiten, ablaufbedingtes Warten) zugeordnet. Fahrten am Arbeitsort, die keine Wende- und Rangierzeiten sind, gehören zur Kurzfahrtzeit.

Zur Be- und Entladezeit zählen das Abbunkern ohne Dreschen am Feldrand, im Bestand und in Nähe des Feldes. Wird der Drusch durch eine Verstopfung im Schneidwerk unterbrochen, zählt diese als funktionelle Störungszeit. Durch eine unzureichende Leistungsabstimmung innerhalb der Ernte- und Transportkette kann für die Erntemaschine eine ablaufbedingte Wartezeit entstehen. Eine Betankung auf dem Feld gehört zur Ver- und Entsorgungszeit.

Können mehrere Teilzeiten gleichzeitig identifiziert werden, entscheidet die Rangfolge im Zeitgliederungsschema darüber, zu welcher Teilzeit die Zuordnung erfolgt. Das gilt beispielsweise, wenn parallel zur Aufgabenverrichtung (Drusch des Mähdreschers) entladen wird. Die Aufgabenverrichtung hat im Zeitgliederungsschema die höchste Priorität.

9.1.3 Umschlagprozesse mit Unstetigförderer

Ein Umschlagprozess besteht aus Gutaufnahme (Beladen), Bewegung mit Last (Lastfahrt), Gutabgabe (Entladen) und Bewegung zur nächsten Gutaufnahme (Leerfahrt).

Zu den Gutaufnahme- bzw. Gutabgabezeiten (Belade- bzw. Entladezeiten) zählen nur die Zeiten, in der sich die Lademasse des Umschlagmittels unmittelbar erhöht bzw. verringert. Wird Stückgut (z. B. Quaderballen) während der Fahrt auf dem Feld aufgenommen, dauert die Gutaufnahme nur sehr kurze Zeit. Um zu verhindern, dass zwischen Leerfahrtzeit und Lastfahrtzeit keine Beladezeit erfasst wird, sollen Beladezeiten bzw. Entladezeiten per Definition mindestens eine Sekunde betragen.

Die Bewegung mit Last (Lastfahrt) und Bewegung zur nächsten Gutaufnahme (Leerfahrt) setzen eine zielgerichtete Bewegung des Umschlagmittels zum Bestimmungsort voraus und liegen zwischen den Belade- bzw. Entladezeiten. Neben den vier beschriebenen Teilzeiten können zusätzliche Rangierzeiten auftreten, die der exakten Positionierung des Aufnahmemittels oder der exakten Gutablage dienen.

9.1 Beispiele zur Anwendung der Zeitgliederung

Bei mehrfacher Gutaufnahme (Gutabgabe) innerhalb eines Umschlagszyklus wird die Lastfahrt (Leerfahrt) jeweils durch eine Beladezeit (Entladezeit) unterbrochen.

9.1.4 Transportarbeiten

Landwirtschaftliche Transportprozesse können in die Hauptabschnitte Beladen, Lastfahrt, Entladen und Leerfahrt unterteilt werden. Als weitere Zeitanteile sind ablaufbedingte Wartezeit, Kurzfahrtzeit, Kontroll- und Wiegezeit sowie verkehrsbedingtes Warten möglich.

Die Beladezeit umfasst den Zeitraum, bei dem die Lademasse ansteigt. Bei der ablaufbedingten Wartezeit wartet das Transportfahrzeug auf den nächsten Beladevorgang. Fahrten auf dem Feld gehören zur Kurzfahrtzeit.

Die Lastfahrt umfasst die Strecke vom Beladeort bis zum Entladeort. Sie beginnt mit dem Ende der Beladung oder mit der Fahrt, bei der das Fahrzeug den Beladeort verlässt. Die Lastfahrt endet, wenn das Fahrzeug am Entladeort anhält oder der Entladevorgang beginnt. Zur Bestimmung der Lastfahrt sind Lage und Ausbreitung des Belade- und Entladeortes festzulegen (Abb. 9.1).

Für Fahrzeuge, deren Aufgabe der Guttransport vom Feld zum Hof ist, umfasst der Beladeort das gesamte Areal des Feldes zzgl. einer Umrahmung, der Entladeort den gesam-

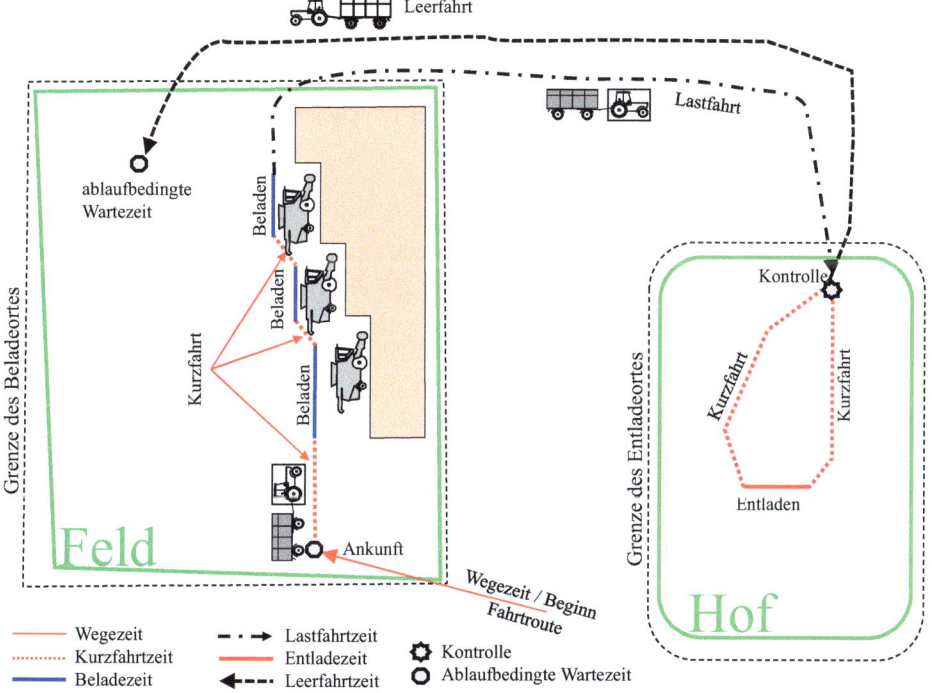

Abb. 9.1 Arbeitsaufgaben eines Transportfahrzeuges beim Getreidetransport

ten Hof. Innerhalb der Belade- bzw. Entladeorte ergeben sich zunächst keine Lastfahrten, sondern nur Kurzfahrtzeiten. Erst wenn das Feld in Richtung Entladeort verlassen wird, beginnt die Lastfahrt. Falls keine nennenswerten Unterbrechungen auftreten, gehört nach der Abfahrt auch die letzte Fahrtstrecke auf dem Feld zur Lastfahrt. Bei weiteren Belade- und Entladevorgängen an anderen Standorten (Feldern) wird die Lastfahrt jeweils unterbrochen.

Die Entladezeit umfasst den Zeitraum, bei dem sich die Lademasse verringert. Der Entladevorgang ist an eine ständige Reduzierung der Lademasse gebunden. Wird die Fahrzeugladung abgekippt, dauert der Entladevorgang nur wenige Sekunden.

Beim Entladen von Stückgut ergibt sich meist eine Vielzahl von Teilentladungen. Die Dauer der Lademassenverringerung ist sehr kurz (mindestens 1 s). Die Zeit zwischen den einzelnen Stückgutentnahmen gehört nicht zur Entladezeit. Je nachdem, ob sich das Transportfahrzeug bewegt oder steht, werden diese wieder als ablaufbedingte Wartezeit oder Kurzfahrtzeit ausgewiesen.

Die Leerfahrt umfasst die Fahrtstrecke vom Entladeort zum Beladeort. Die Leerfahrt beginnt mit der Fahrt, die dem Verlassen des Entladeortes dient. Die Leerfahrt endet, wenn das Fahrzeug nach dem Erreichen des Beladeortes hält oder der Beladevorgang beginnt.

Bewegt sich das Transportfahrzeug innerhalb der Umschlagorte, ohne dass Lastfahrtzeiten oder Leerfahrtzeiten bestehen, wird diese der Kurzfahrtzeit zugeordnet.

Der Einsatz eines Überladewagens stellt eine besondere Form von Transportarbeiten dar. Der Überladewagen hat die Aufgabe, das Erntegut innerhalb des Feldes zu transportieren. In diesem Fall umfasst der Beladeort nicht das gesamte Feld, sondern nur das direkte Umfeld der Erntemaschine (Mähdrescher, Feldhäcksler). Zur Lastfahrt zählen auch die Fahrten von einer zur anderen Erntemaschine im beladenen Zustand (Beladen an mehreren Beladeorten). Die Lastfahrt beginnt nach dem ersten Beladevorgang mit dem Verlassen des ersten Mähdreschers. Sie endet

- mit dem Erreichen des nächsten Mähdreschers,
- mit einem Halt bei ablaufbedingter Wartezeit auf den nächsten Mähdrescher oder
- mit der Ankunft am Feldrand zum Überladen auf die Transportfahrzeuge der zweiten Transportstufe (Entladeort).

9.2 Herleitungen

9.2.1 Herleitung der Lademassenzykluszeit

Die Lademassenzykluszeit t_{LMZ} dient der Berechnung der individuellen ablaufbedingten Wartezeit bei ungleichartigen Transportfahrzeugen und lässt sich aus der Gl. 6.6, die zur Berechnung der notwendigen Anzahl an Transporteinheiten genutzt wird, ableiten. Wird die Gleichung nach der Umlaufzeit umgestellt und statt der berechneten, gebrochenen Anzahl die aufgerundete, ganzzahlige Anzahl Transporteinheiten in die Gleichung eingesetzt

9.2 Herleitungen

und mit der bedarfsbestimmenden Zeit multipliziert, ergibt sich die Umlaufzeit inklusive ablaufbedingter Wartezeit bzw. die Lademassenzykluszeit. Bei Transporteinheiten mit unterschiedlichen Lademassen muss statt dem Produkt aus Lademasse und Fahrzeuganzahl die Summe der Lademassen aller Transportfahrzeuge ($\sum m_L$) verwendet werden (Gl. 9.4).

$$n_{TE} = \frac{t_U}{t_b} \tag{6.6}$$

$$t_U = t_b * n_{TE} \tag{9.1}$$

$$t_b = \frac{m_L}{n_{EM} * \dot{m}_{T_{AB}}} \tag{6.4}$$

$$t_U = \frac{m_L}{n_{EM} * \dot{m}_{T_{AB}}} * n_{TE} \tag{9.2}$$

$$t_{LMZ} = t_U = \frac{m_L * n_{TE}}{n_{EM} * \dot{m}_{T_{AB}}} \tag{9.3}$$

$$t_{LMZ} = \frac{\sum m_L}{\sum \dot{m}_{T_{AB}}} \tag{9.4}$$

n_{TE} *Anzahl Transportfahrzeuge*, t_U *Umlaufzeit*, t_b *bedarfsbestimmende Zeit*, n_{EM} *Anzahl Erntemaschinen*, t_{LMZ} *Lademassenzykluszeit*, m_L *Lademasse der Transportfahrzeuge*, $\sum \dot{m}_{T_{AB}}$ *verfahrensspezifische Leistung aller Erntemaschinen*

9.2.2 Herleitung des Grenzwertes für ein Abrunden bei der Berechnung der Anzahl Transportfahrzeuge

Bei der Berechnung der notwendigen Anzahl an Transportfahrzeugen (Gl. 6.6) ergeben sich überwiegend gebrochene Zahlen, die ein nachfolgendes Auf- oder Abrunden des Ergebnisses erfordern. Sind die Gesamtkosten der Maschinen und Transportfahrzeuge beim Abrunden geringer, kann abgerundet werden, anderenfalls wird aufgerundet. An der Grenze zwischen Auf- und Abrunden sind die Kosten gleich.

$(K_{EM} * n_{EM} + K_{TE} * n_{TE}) * T^*_{AB\,TE}$	=	$(K_{EM} * n_{EM} + K_{TE}(n_{TE} + 1)) * T^*_{AB\,EM}$

Bei Auswahl der abgerundeten Anzahl an Transportfahrzeugen ist die Summe der verfahrensspezifischen Kapazitäten der Transportfahrzeuge geringer als die der Erntemaschinen. Die verfahrensspezifische Kapazität der Transportfahrzeuge bestimmt die

Dauer der Arbeit $T^*_{AB\,TE}$. Wird die Anzahl aufgerundet, bestimmen die Erntemaschinen die Einsatzdauer des Erntekomplexes ($T^*_{AB\,EM}$).

Transporteinheit bestimmt Zeitdauer		Erntemaschine bestimmt Zeitdauer
$T^*_{AB\,TE} = \dfrac{m_{ges}}{K_{V\,TE} * n_{TE}}$		$T^*_{AB\,EM} = \dfrac{m_{ges}}{K_{V\,EM} * n_{EM}}$
$(K_{EM} * n_{EM} + K_{TE} * n_{TE}) \dfrac{m_{ges}}{K_{V\,TE} * n_{TE}}$	=	$(K_{EM} * n_{EM} + K_{TE}(n_{TE} + 1)) \dfrac{m_{ges}}{K_{V\,EM} * n_{EM}}$
$\dfrac{(K_{EM} * n_{EM} + K_{TE} * n_{TE})}{K_{V\,TE} * n_{TE}}$	=	$\dfrac{(K_{EM} * n_{EM} + K_{TE}(n_{TE} + 1))}{K_{V\,EM} * n_{EM}}$
$\dfrac{K_{V\,EM} * n_{EM}}{K_{V\,TE} * n_{TE}}$	=	$\dfrac{(K_{EM} * n_{EM} + K_{TE}(n_{TE} + 1))}{(K_{EM} * n_{EM} + K_{TE} * n_{TE})}$
$\dfrac{K_{V\,EM} * n_{EM}}{K_{V\,TE} * n_{TE}}$	=	$\dfrac{(K_{EM} * n_{EM} + K_{TE} * n_{TE} + K_{TE})}{(K_{EM} * n_{EM} + K_{TE} * n_{TE})}$
$\dfrac{K_{V\,EM} * n_{EM}}{K_{V\,TE} * n_{TE}}$	=	$1 + \dfrac{K_{TE}}{(K_{EM} * n_{EM} + K_{TE} * n_{TE})}$
$\dfrac{K_{V\,EM} * n_{EM}}{K_{V\,TE} * n_{TE}} - 1$	=	$\dfrac{K_{TE}}{(K_{EM} * n_{EM} + K_{TE} * n_{TE})}$

K_{EM} stündliche Kosten aller Erntemaschinen
K_{TE} stündliche Kosten eines Transportfahrzeuges
n_{TE} Anzahl Transportfahrzeuge bei Abrundung
$T^*_{AB\,TE}$ Dauer der Arbeit, wenn die Transportfahrzeuge die Gesamtleistung bestimmen
$T^*_{AB\,EM}$ Dauer der Arbeit, wenn die Erntemaschinen die Gesamtleistung bestimmen
m_{ges} Erntemenge
$K_{V\,TE}$ verfahrensspezifische Kapazität der Erntemaschinen
$K_{V\,TE}$ verfahrensspezifische Kapazität der Transportfahrzeuge

Die Gesamtkosten sind für Ab- und Aufrunden gleich, wenn der Leistungszuwachs beim Aufrunden (linker Teil der Gleichung) mit dem Kostenanstieg bei Einsatz eines weiteren Transportfahrzeuges (rechter Teil der Gleichung) übereinstimmt.

Ist der Kostenanstieg kleiner als der Leistungszuwachs, wird aufgerundet.

Wird abgerundet, ist die verfahrensspezifische Kapazität der Erntemaschinen $K_{V\,EM} * n_{EM}$ größer als die verfahrensspezifische Kapazität der Transportfahrzeuge $K_{V\,TE} * n_{TE}$ und es entstehen ablaufbedingte Wartezeiten bei den Erntemaschinen.

9.2 Herleitungen

9.2.3 Herleitung der minimalen Transportarbeit

Um die minimale theoretische Transportarbeit auf einem rechteckigen Feld zu berechnen, wird dieses in Streifen mit der Arbeitsbreite AB unterteilt. Die Feldstreifen selbst teilt man in n Teilflächen auf. Die Transportarbeit einer Teilfläche ist das Produkt aus zugehöriger Transportmasse und der Entfernung bis zum Feldrand (Abb. 9.2).

Die Transportarbeit der Teilflächen wird anschließend aufsummiert. Daraus ergibt sich die minimale Transportarbeit A_T für den gesamten Feldstreifen.

$$A_T = \sum_{i=1}^{n} A_{Ti} = \sum_{i=1}^{n} m_i * S_i \tag{9.5}$$

$$A_T = \sum_{i=1}^{n} AB * \frac{FL}{n} * E * S_i = AB * FL * E * \frac{1}{2} FL$$

$$A_T = AB * E * \frac{1}{2} FL^2 \tag{9.6}$$

A_T: *Transportarbeit zur Ernte eines Feldstreifens*, n: *Anzahl Teilflächen* A_i, m_i: *Transportmasse auf der Teilfläche i*, S_i: *Transportweg für die Teilfläche i*, $A_{T\,i}$: *Transportarbeit für Teilfläche i*, FL: *Feldlänge*, AB: *Arbeitsbreite*, E: *Ertrag*

Die minimale Transportarbeit steigt mit der Feldlänge quadratisch an (Gl. 9.6). Zur Vergleichbarkeit unterschiedlich großer Felder muss die minimale Transportarbeit durch

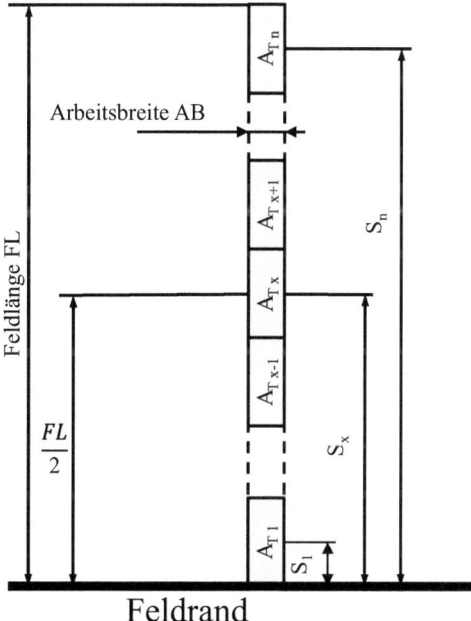

Abb. 9.2 Teilflächen und Abstände zur Berechnung der Transportarbeit

die Feldfläche dividiert werden. Es ergibt sich eine spezifische Transportarbeit A_{sT} in tkm/ha (Gl. 9.7).

$$A_{sT} = \frac{AB * E * \frac{1}{2} FL^2}{AB * FL}$$

$$A_{sT} = \frac{1}{2} E * FL \qquad (9.7)$$

9.2.4 Herleitung der Faktorgleichung für Kapazitätsmethode

Teilt sich der Massestrom einer Transportkette, ist die Aufteilung des Massestromes der verfahrensspezifischen Kapazität proportional.

$$\dot{m}_{TEi} = \dot{m}_{Eing} * \frac{K_{VTEi}}{\sum_{i}^{n} K_{VTEi}} \qquad (6.22)$$

$\dot{m}_{TEi}$: *verfahrensspezifische Leistung der übernehmenden Teilglieder i*, $\dot{m}_{Eing}$: *verfahrensspezifische Leistung des sich teilenden Teilgliedes*, K_{VTEi}: *Kapazität des übernehmenden Teilgliedes i*, $\sum_{i}^{n} K_{VTEi}$: *Gesamtkapazität aller übernehmenden Teilglieder*

Durch Umstellen kann die Faktorgleichung abgeleitet werden.

$$\frac{\dot{m}_{TEi}}{K_{VTEi}} = \frac{\dot{m}_{Eing}}{\sum_{i}^{n} K_{VTEi}} \qquad (9.8)$$

Dieses Verhältnis gilt für alle Transportfahrzeuge

$$\frac{\dot{m}_{TE1}}{K_{VTE1}} = \frac{\dot{m}_{TE2}}{K_{VTE2}} = \frac{\dot{m}_{Eing}}{\sum_{i}^{n} K_{VTEi}} \qquad (9.9)$$

Es gilt dann

$$\frac{\dot{m}_{TE1}}{K_{VTE1}} - \frac{\dot{m}_{TE2}}{K_{VTE2}} = 0 \qquad (9.10)$$

$$\dot{m}_{TE1} * \frac{1}{K_{VTE1}} - \dot{m}_{TE2} * \frac{1}{K_{VTE2}} = 0 \qquad (9.11)$$

Die Form der Faktorgleichung ergibt sich dann zu

$$\dot{m}_{TE1} * \frac{1000}{K_{VTE1}} - \dot{m}_{TE2} * \frac{1000}{K_{VTE2}} = 0 \qquad (9.12)$$

9.3 Bestimmung der Gewichtung mit Hilfe der Matrixmethode

Zur Bestimmung von Bestvarianten kann eine Nutzwertanalyse durchgeführt werden. Dabei müssen die genutzten Bewertungskriterien nicht immer mit gleicher Wirkstärke in die Bewertung einfließen. Zur Berechnung der Gewichtung der Bewertungskriterien gibt es verschiedene Methoden.

Bei der **Matrixmethode** werden die Bewertungskriterien paarweise hinsichtlich ihrer Bedeutung für die Entscheidung verglichen. In Tab. 9.1 wird der paarweise Vergleich an einem Beispiel für Bewertungskriterien zur Auswahl eines Traktors dargestellt.

Ist ein Bewertungskriterium wichtiger als das andere, bekommt es zwei Punkte. Bei Gleichwertigkeit der Bewertungskriterien erhalten beide jeweils einen Punkt. Die Summe der für ein Bewertungskriterium vergebenen Punkte wird zeilenweise aufsummiert. Die Gesamtpunktzahl des Bewertungskriteriums (vorletzte Spalte) wird anschließend zu der Gesamtpunktzahl aller Bewertungskriterien ins Verhältnis gesetzt (letzte Spalte).

Die höchste Gewichtung erhält im Beispiel mit 0,36 das Kriterium „Kaufpreis – Restwert". Das Kriterium „Schallpegel" bekommt demgegenüber mit 0,04 eine deutlich geringere Gewichtung.

Die Matrixmethode teilt die Entscheidung, welche Gewichtungen vergeben werden sollen, in einzelne paarweise Vergleiche, die leichter zu entscheiden sind. Die Bestimmung der Gewichtungsfaktoren mit Matrixmethode könnte gegenüber der „Methode der sukzessiven Vergleiche" als objektiv und reproduzierbar eingeschätzt werden. Die Resultate der Matrixmethode müssen jedoch kritisch betrachtet werden, da die Anzahl der Bewertungskriterien Einfluss auf die Berechnung der Gewichtungen hat.

Der Unterschied zwischen der niedrigsten und der höchsten berechneten Gewichtung nimmt mit der Anzahl an berücksichtigten Bewertungskriterien n zu. Das schwächste Bewertungskriterium wird deutlich benachteiligt.

Tab. 9.1 Bestimmung der Gewichtung mittels Matrixmethode bei Traktorerwerb

von	Punktvergabe bei paarweisem Vergleich					Summe Punkte	Gewichtung
Kaufpreis/ Restwert	1	2[1]	2	2	2	9	**0,36**
Motorleistung	0	1	0	0	2	3	**0,12**
Kraftstoffkosten[2]	0	2	1	1	2	6	**0,24**
Händlerbewertung	0	2	1	1	2	6	**0,24**
Schallpegel	0	0	0	0	1	1	**0,04**
zu	Kaufpreis/ Restwert	Motorleistung	Kraftstoffkosten[2]	Händlerbewertung	Schallpegel	25	**1,0**

[1]*paarweiser Vergleich von Kriterium „Kaufpreis-Restwert" mit Kriterium „Motorleistung". Das Kriterium „Kaufpreis-Restwert" bekommt zwei Punkte. (Kriterium ist wichtiger: 2 Punkte, beide sind gleich wichtig 1 Punkt),* [2]*Kraftstoffkosten bei Transportarbeit*

Wird für das schwächste Bewertungskriterium nur ein Punkt vergeben, ergibt sich eine minimale Gewichtung W_{min} von:

$$W_{min} = \frac{1}{n^2} \qquad (9.13)$$

Ist ein Bewertungskriterium wichtiger als alle anderen, berechnet sich eine maximal mögliche Gewichtung von:

$$W_{max} = \frac{2*n - 1}{n^2} \qquad (9.14)$$

In Tab. 9.2 ist die Abhängigkeit zwischen der Anzahl an Bewertungskriterien und den minimalen und maximalen Gewichtungen (W_{Min}, W_{Max}) sowie ihren Verhältnissen zueinander und im Vergleich zu einer Gleichgewichtung aller Bewertungskriterien (W_{gleich}) beispielhaft dargestellt.

Werden z. B. 7 Bewertungskriterien gewählt, kann die höchste Gewichtung (0,26) den dreizehnfachen Wert gegenüber einer minimalen Gewichtung (0,02) annehmen (W_{max} zu W_{min}). Das schwächste Bewertungskriterium hat dann vergleichsweise nahezu keinen Einfluss auf die Entscheidung.

In Spalte 2 der Tab. 9.2 ist eine Gewichtung berechnet, wenn alle Bewertungskriterien den gleichen Gewichtungsfaktor erhalten würden. Vergleicht man bei 7 Bewertungskriterien die minimale Gewichtung mit der der Gleichgewichtung, ist eine Benachteiligung um den Faktor 7 (letzte Spalte) viel ausgeprägter als die Bevorzugung des Bewertungskriteriums mit maximaler Gewichtung um den Faktor 1,86 (Tab. 9.2, vorletzte Spalte).

Die Unterschiede in den Gewichtungen nehmen mit der Anzahl der in der Nutzwertanalyse genutzten Bewertungskriterien zu, ohne dass der Anwender darauf Einfluss nehmen kann.

Die berechneten Gewichtungen sollten überprüft und gegebenenfalls korrigiert werden. Die Matrixmethode ist nur bedingt zur Bestimmung der Gewichtungsfaktoren geeignet und kann vor allem zur Bestimmung einer Rangfolge von Bewertungskriterien genutzt werden.

Tab. 9.2 Abhängigkeit der Gewichtung von der Anzahl der Bewertungskriterien bei der Matrixmethode

Anzahl Bewertungskriterien n	Gleichgewichtung $W_{gleich} = \frac{1}{n}$	minimale Gewichtung $W_{min} = \frac{1}{n^2}$	maximale Gewichtung $W_{max} = \frac{2*n-1}{n^2}$	Gewichtungsverhältnisse		
				$\frac{W_{max}}{W_{min}}$	$\frac{W_{max}}{W_{gleich}}$	$\frac{W_{gleich}}{W_{min}}$
3	0,33	0,11	0,55	5	1,66	3
5	0,2	0,04	0,36	9	1,8	5
7	0,14	0,02	0,26	13	1,86	7
10	0,1	0,01	0,19	19	1,9	10
20	0,05	0,0025	0,0975	39	1,95	20

Stichwortverzeichnis

A
Arbeitsgang 4
Arbeitskraftstunde 68
Arbeitsprozess 2
Arbeitsumfang 66
Arbeitsverfahren
   absätziges 76
   bedingt absätziges 76
   Ein-Mann-Verfahren 75
   transportverbundenes 76
Arbeitsweise 4
Arbeitszeit
   verfahrensspezifische 35
   verfügbare 48
Arbeitszeitaufwand 51
Aufgabenverrichtungszeit 28
Aufgabenvorbereitungszeit 34
Aufwandskennzahl 68

B
Bearbeitungsspur 9
Beettechnik 12
Beimengungsabtrennung 104
Beladezeit 30, 76
Bewertungskriterium 113
Bewertungspunkt 117
Bunkergröße 64

D
Druschfruchternte 110
Durchsatz 67

E
Einsatzplanung, operative 4
Einstellzeit 31
Entladezeit 30
Erholungszeit, arbeitsbedingte 32
Ernte- und Transportkette 89
Erntemaschine, ungleichartige 95

F
Feldarbeitszeit 35
Feldlänge 61
Feldrüstzeit 31
Feldzufahrt 104
Flächenleistung 67

G
Gesamtarbeitszeit 35
Gewichtung 119, 133
Gleichungssystem, lineares 101
Grundprozess 6
Grundverfahren 6

H
Hauptprozess 2
Hilfsprozess 2

K
Kapazität 47
   verfahrensspezifische 82, 90
Kapazitätsbedarf 47

Kapazitätsmethode 95
Kehrtechnik 9
   mit schräger Anfahrt 17
   mit Zeilensprung 11
Kontroll- und Wiegezeit 32
Konturlinienspur 20
Kreuzgangtechnik 17
Kurzfahrtzeit 31

L
Lademassenzykluszeit 84
Lagerung 4
Lastfahrtzeit 29
Leerfahrtzeit 30
Leistung
   verfahrensspezifische 67
   verfahrenstechnische 66
Logistik 4

M
Maschineneinsatzquotient (MEQ) 38
Maschinenfolgeschema 107
Maschinenkosten 52
Masseauslastungsgrad 105
Massedurchsatz 67

N
Nachbereitungszeit 33
Naturprozess 1
Nebenzeit, wiederkehrende 29
Nutzwert 120
Nutzwertanalyse 115

P
Parallelverfahren 76
Pflege- und Wartungszeit 34
Praxis, gute fachliche 4
Prioritätsregel 35
Produktionsverfahren 5
Prozess 1
Prozessfolgeschema 108
Puffer 89
Punktemaßstab 116, 122

R
Rundumfahrttechnik 17

S
Störung
   funktionelle 33
   organisatorische 33
   technische 32
   witterungsbedingte 33
Störungszeiten 32

T
Technik 4
Technologie 3
Teilzeit 28
Terminkosten 48
Transport 4
Transportarbeit, spezifische 65
Transportkette 89
   sich teilende 94
   zusammenlaufende 93
Transportmenge 73
Trockengutmasse 58
Trockensubstanzmasse 58

U
Überladewagen 87
Umlaufzeit 77
   wartezeitfreie 84
Umschlag 4
ungleichartig 84

V
Ver- und Entsorgungszeit 34
Verfahren 2
Verfahrensbewertung 113
Verfahrensdiagramm 110
Verfahrenskosten 52
   spezifische 54
Verfahrenstechnik, landwirtschaftliche 3
Verteilzeit, persönliche 33
Volumendurchsatz 67
Vor- und Nachbereitungszeit 33
Vorbereitungszeit 33
Vorgewende 20

Stichwortverzeichnis

W
Wartezeit, ablaufbedingte 31
    leistungsabhängige 81, 85
    leistungsunabhängige 87
Wegezeit 34
Wende- und Rangierzeiten 30

Wendevorgang 20
Wendezeitanteil 61

Z
Zeit, bedarfsbestimmende 77
Zeitgliederungsschema 25

MIX
Papier aus verantwortungsvollen Quellen
Paper from responsible sources
FSC® C105338

If you have any concerns about our products,
you can contact us on
ProductSafety@springernature.com

In case Publisher is established outside the EU,
the EU authorized representative is:
**Springer Nature Customer Service Center GmbH
Europaplatz 3, 69115 Heidelberg, Germany**

Printed by Libri Plureos GmbH
in Hamburg, Germany